河南省豫北地区黏(铝)土矿床成矿规律综合研究

主编　孙越英　王道颖

U0285845

黄河水利出版社

·郑州·

内 容 提 要

河南省黏(铝)土矿资源丰富,豫北地区黏(铝)土矿保有资源储量居全省第一位,仅次于山西省和贵州省,居全国第三位。本书总结了豫北地区黏(铝)土矿成矿规律,特别是对该地区黏(铝)土矿的基底地层、含矿岩系、矿床地质特征、矿石物质成分,黏土矿的物质来源及成因进行了探讨,对豫北地区黏(铝)土矿的开发利用进行了综合研究,对低品位铝土矿选矿、高岭土选矿及锂资源综合利用等方面进行了比较详细的论述。

本书可供矿产地质勘查人员、矿山开发研究人员、科研教学人员和有关专业的大学生、研究生等阅读参考。

图书在版编目(CIP)数据

河南省豫北地区黏(铝)土矿床成矿规律综合研究/孙越英,王道颖主编.—郑州:黄河水利出版社,2012.3
ISBN 978 - 7 - 5509 - 0216 - 9

Ⅰ.①河… Ⅱ.①孙…②王… Ⅲ.①黏土矿物 – 成矿规律 – 研究 –河南省 ②铝土矿 – 成矿规律 – 研究 – 河南省 Ⅳ.①P617.261

中国版本图书馆 CIP 数据核字(2012)第 027428 号

策划编辑:王 琦 电话:0371 – 66023343 邮箱:wq3563@163.com

出 版 社:黄河水利出版社
　　　　　地址:河南省郑州市顺河路黄委会综合楼 14 层　　邮政编码:450003
发行单位:黄河水利出版社
　　　　　发行部电话:0371 – 66026940、66020550、66028024、66022620(传真)
　　　　　E-mail:hhslcbs@126.com
承印单位:黄河水利委员会印刷厂
开本:890 mm × 1 240 mm 1/32
印张:5.5
字数:156 千字　　　　　　　　　　　印数:1—1 000
版次:2012 年 3 月第 1 版　　　　　　印次:2012 年 3 月第 1 次印刷

定价:20.00 元

《河南省豫北地区黏(铝)土矿床成矿规律综合研究》编委会

主　编　孙越英　王道颖

副主编　杨东潮　刘富有　黄　帆
　　　　乔保龙　刘国营

主要编写人
　　　　孙越英　王道颖　杨东潮
　　　　刘富有　黄　帆　乔保龙
　　　　刘国营　王建光　朱　鲁
　　　　徐国维

序

随着现代工业的发展,黏(铝)土矿在国民经济和社会发展过程中起着重要的作用,它广泛用于钢铁、化工、建筑、造纸、油漆、陶瓷、橡胶等行业。豫北地区黏(铝)土矿的资源特点是以高铝黏土和硬质黏土为主,两者占总储量的72.8%,软质黏土储量偏低,仅占7.2%。高铝黏土含铝量普遍较高,Fe_2O_3含量较低,烧失量小,是很好的优质耐火材料。

黏(铝)土矿是豫北地区优势矿产之一,资源丰富,品种多,质量好,矿体埋藏浅,水文地质条件简单,开采技术条件好,耐火黏土、陶瓷土、高岭土、铁矾土等均有分布,黏土矿的开发已成为全省黏土矿主要生产基地之一。为此,国家及有关部门投入了大量的地质勘查工作,提交了几十份矿区地质勘查报告,众多的国内外地质专家、学者都对豫北地区黏(铝)土矿的地质勘查及综合研究取得了大量的地质科研成果,有些成果未形成专著公开发表,为此,河南省地矿局第二地质队、河南省有色局第五地质大队、中国地质科学院郑州矿产综合利用研究所及河南省地矿局探矿三队等单位,组织长期从事该地区黏(铝)土矿研究的地质专家和有关人员,根据以往地质勘查科研成果,参阅国内外有关文献、资料,进行综合研究,编著了《河南省豫北地区黏(铝)土矿床成矿规律综合研究》一书。

本书总结了豫北地区黏(铝)土矿成矿规律,特别是对该地区黏(铝)土矿的基底地层、含矿岩系、矿床地质特征,矿石物质成分,黏土矿的物质来源及成因进行了探讨,对豫北地区黏(铝)土矿开发利用进行了综合研究,对低品位铝土矿选矿、高岭土选矿及锂资源综合利用等方面进行了比较详细的论述。总之,本书内容丰富,资料翔实,图文并茂,对矿产地质勘查人员、矿山开发研究人员、科研教学人员和有关专业的大学生、研究生等均具有重要参考价值。

河南省人民政府参事
河南省有色局原巡视员兼总工

2012 年 1 月

前　言

河南省黏(铝)土矿资源丰富,豫北地区黏(铝)土矿保有资源储量居全省第一位。豫北地区黏土矿的资源特点是以高铝黏土和硬质黏土为主,两者占总储量的72.8%,软质黏土储量仅占7.2%。高铝黏土含铝量较高,Fe_2O_3含量较低,烧失量小,是很好的优质耐火材料。豫北地区黏(铝)土矿成矿条件较差,规模小,矿石质量与全省类似,多为中低品位。

黏(铝)土矿作为矿产资源,在国民经济和社会发展过程中起着重要的作用,它广泛用于钢铁、化工、建筑、造纸、油漆、陶瓷、橡胶等行业。随着市场经济体制的逐步完善,矿产品市场竞争日趋激烈,导致该地区国有矿山纷纷停产或转产,仅剩部分乡镇与个体企业零星开采,生产规模小,矿产品品种单一,产品多以原矿或粗加工产品销售,科技附加值低,产品竞争力不强,经济效益差。2009年豫北地区共生产矿石30.64万t,产值4 500万元,未能发挥出其应有的经济效益和社会效益。

黏(铝)土矿资源开发利用及管理中存在的主要问题是地质勘查资金投入不足,黏土矿资源储量不明。储量只减不增,资源形势严峻。长期大量民采,造成矿区资源储量严重不实;矿山布局不尽合理,无序开采导致资源浪费严重,利用率较低。建成的矿山,生产规模小,且多停产转产。乡镇、个体矿山企业在工作程度很低的矿区(点)采矿,采富弃贫,乱采滥挖,资源浪费严重;资源开发利用粗放,经济效益差。多年来,豫北地区的黏土矿主要以卖原矿或煅烧后销往各大钢铁厂或耐火材料厂,用于制作各种定型或不定型的耐火材料。价格低廉,而储量消耗巨大,资源优势没有得到充分发挥,经济效益差;地质灾害隐患多,矿山环境恶化。由于乡镇、个体矿山企业乱采滥挖,不仅破坏了矿体,而且造成了许多地质灾害隐患,植被遭破坏,矿山环境恶化;深加工水平低,共生、伴生矿产综合利用率低;执法管理、监督工作不到位。由于当地老百姓多以民采、零星开采，管理难度较大，无证开采现象大量存在，致使矿产开采过程中缺乏有效的监督，矿山"三率"指标考核缺乏力度，优质劣用现象普遍存在。

为了探讨合理利用与综合开发的新途径，拓宽黏土矿利用领域，依靠科技进步，开发高新产品，提高矿产品的加工深度与精度，延长产品加工链条，充分发挥其优势矿产的作用，变资源优势为经济优势，本书通过对河南省豫北地区黏(铝)土矿床地质特征的研究，旨在探讨黏(铝)土矿资源综合利用的新途径，为河南省矿业经济可持续发展作出贡献，并为今后中原经济区建设矿产资源规划提供科学依据。

本书共分14章，第1、2、3、5章由王道颖、杨东潮、刘富有编写，第4、6、7、8、9、10、13章由孙越英、乔保龙、刘国营、朱鲁、徐国维、黄帆编写，第11、12、14章由王建光、朱鲁、徐国维编写，全书由孙越英统稿。本书特邀河南省政府参事、河南省有色局原巡视员兼总工教授级高工姚公一担任顾问，在此深表谢意。

本书在编写过程中，得到河南省地矿局第二地质队、河南省有色局第五地质大队、中国地质科学院郑州矿产综合利用研究所及河南省地矿局探矿三队等单位的大力支持与帮助，在此一并致谢，同时，在本书编写过程中，编者参阅了相关的教材、专著和论文，在此对参考文献的作者表示衷心的感谢！

由于编者水平有限，书中难免存在缺点、错误和不足之处，诚恳地希望读者给予批评指正。

编　者

2011 年 12 月

目　录

第 1 章 总 论

1.1 黏(铝)土矿的工业用途及在国民经济发展中的地位

1.1.1 黏(铝)土矿的工业用途及工业要求

黏(铝)土矿是生产铝的重要矿石来源。除此之外,它在制取高能磨料、高铝水泥、耐火材料、水泥、陶瓷材料、化工和医药等方面也具有广泛的用途。

黏(铝)土矿是豫北地区的优势矿种之一,广泛分布在豫北地区的济源、沁阳、博爱、修武、辉县、鹤壁等地,面积约 2 000 km^2。保有资源储量居全省第一位。矿石以高铝黏土和硬质黏土为主,矿层产于石炭系本溪组含铝岩系中,位于奥陶系或寒武系侵蚀面上。矿床规模较小、埋藏较浅,易于开采。矿石以高铝黏土和硬质黏土为主,矿石质量较好,用途广泛。按使用量大小的工业部门依次为:耐火材料业、铝氧业、磨料业等。黏(铝)土矿的开采及加工业具有很好的经济效益,目前国有、集体、个体矿山和矿点星罗棋布、蓬勃发展。年开采量估算已达100 万 t。铝土矿及其制成品的年产值已达数亿元,在河南省乃至国家的国民经济中都占有重要地位。随着国民经济的振兴和对铝、耐火材料及磨料需求的增加,特别是国家确定把铝作为有色金属的重点发展品种,铝土矿的经济价值必将成倍增长。

铝土矿(Bauxite)一词为贝尔蒂埃(Berthier,1821)首先采用,原指法国阿尔卑斯山之莱·保克斯(Les Baux)附近的富含氧化铝的沉积物,后被广泛应用,指富铝低硅低碱和碱土金属元素的风化产物。现在铝土矿这一名称是指"铝、铁、钛的氧化物或氢氧化物的矿物总量超过

50%,并且铝矿物比铁、钛矿物总量要丰富得多的残积或沉积而成的矿层。因此,关于什么是铝土矿的问题必须在矿物组成定量测定的基础上才能解决。作为铝矿石的铝土矿其定义并不确切,因为矿石品级和非矿石品级的铝土矿之间界限是不断变化的,这主要取决于冶炼技术的发展和需求(G. 巴多西,1990),在目前的技术经济条件下,当 Al_2O_3 含量大于40%,铝硅比值(Al_2O_3/SiO_2,简写为 Al/Si 或 A/S)大于2.1时,称之为铝土矿。

1.1.2 黏(铝)土矿在国民经济建设发展中的地位

铝广泛应用于电器、航空、航天、建筑、机械制造和民用轻工业各部门。此外,铝及其合金的粉末能迅速燃烧,放出强光和热能,因而被用做燃烧弹、信号火箭等。由于铝对氧的亲和力大,还可以用做钢的脱氧剂和一些高熔点金属氧化物的还原剂。可以说,现代工业的任何一个部门都需要铝,铝的使用量超过了除铁以外的任何其他金属。

随着现代工业的发展,无论在国民经济建设还是在人们的日常生活中,铝显示出越来越重要的作用。

1.1.3 黏(铝)土矿及铝工业国内外发展概括

铝是一种重要的有色金属矿,属轻金属。其优越性在于它和其他金属熔合之后,可以提供比重小、强度高的合金。此外,铝还有良好的传热性和导电性,因此广泛用于航空、军事、电器、机械、食品、建筑等工业和日用品生产部门,其用量仅次于钢。铝的消费是衡量一个国家现代化水平的重要标志。随着铝用途的不断扩大,世界铝土矿的储量和产量都有很大增长,其中绝大部分储量是近20年来探明的。

黏(铝)土矿在世界上分布很不均匀,约有83%集中在热带地区,如几内亚、澳大利亚、巴西、牙买加等国,约13%集中在温带地区,如印度、希腊、南斯拉夫等国。热带地区以红土型铝土矿为主,由各种含铝岩石风化淋滤而成。成矿时代为中、新生代,矿石多为三水铝石型。温带地区以风化壳沉积型黏(铝)土矿为主,矿体直接或间接产于碳酸盐岩和具有一定程度岩溶化的岩层之上,成矿时代为早古生代,矿石以一水硬水铝石型为主。

我国铝土矿资源丰富,探明储量占世界第五位。我国铝土矿以晚古生代风化壳沉积型为主,其探明储量约占全国矿石储量的90%,集中分布在山西、河南、贵州和广西等内陆地区。另有第四纪堆积型铝土矿和第三纪红土型铝土矿。堆积型铝土矿系由原生铝土矿经风化淋滤、剥蚀改造,在原地或半原地堆积而成。红土型铝土矿系由玄武岩风化淋滤而成,我国目前发现的大多为小型,分布在海南岛和东南沿海一带。

1.1.4 豫北地区黏(铝)土矿地质研究工作现状

豫北地区黏(铝)土矿是河南省重要的黏(铝)土矿产区,地质工作开展较早,但由于没有进行系统、全面的总结和研究,加之测试手段不齐全,所见到的大都是零星材料。20世纪50年代中期,巩县地质队在对竹林沟和大小火石岭矿区进行地质勘探时,杨志甲、潘毅昌等对铝土矿的矿物成分和化学成分作了初步研究,最早提出铝土矿石中含有的主要矿物成分为一水硬水铝石,附生及伴生矿物为蒙脱石、伊利石、叶蜡石、针铁矿、金红石及方解石等。同时期,苏联矿物学副博士别捏斯拉夫斯基在其所著的《河南某地铝土矿矿床的矿物成分》一文中也较详细地叙述了河南铝土矿的化学成分、结构和基本造岩矿物,提出水云母和高岭石是由白云母和绢云母变来的,并指出了河南乃至中国其他古生代矿床与世界上所有已知矿床铝土矿的物质成分的区别。

1.2 黏(铝)土矿可供性分析

豫北地区黏(铝)土矿的特点是以高铝黏土和硬质黏土为主,两者占总储量的72.8%,软质黏土储量偏低,仅占7.2%。高铝黏土含铝量普遍较高,Fe_2O_3含量较低,烧失量小,是很好的优质耐火材料。黏(铝)土矿是豫北地区优势矿产之一,资源丰富,品种多,质量好,矿体埋藏浅,水文地质条件简单,开采技术条件好,耐火黏土、陶瓷土、高岭土、铁矾土等均有分布,黏土矿的开发已成为全省黏土矿主要生产基地之一。

  豫北地区黏(铝)土矿保有资源储量居全省第一位,但与全国保有资源储量第一位的山西省相比,仅为山西省的30%左右。另外,从矿石类型及矿石品级作进一步分析,高品级的储量偏少,中、低品级耐火黏土储量较多,特别是高铝黏土这一矛盾更为突出。随着科学技术的不断进步,各行业生产工艺水平的不断提高,对耐材工业及耐材制品的要求也将越来越高,而相对于冶炼工业,随着科学技术的进步和提高,它们对矿石原料品位的要求则有逐步下降的趋势。豫北地区耐火黏土和铝土矿之间,既是共生矿产,又是共用矿产,两者之间争夺资源的情况时有发生。因此,实现资源优化配置,推进科学管理,是充分合理利用现有资源的有效途径。对区内耐火黏土矿的开发规划划定为鼓励开采区、一般开采区两类,即鼓励开采区内资源丰富的中品级耐火黏土矿;限制开采区内资源严重短缺的高品级耐火黏土矿,或尚难利用的低品级耐火黏土矿。

第 2 章　豫北地区主要黏(铝)土矿床

2.1　豫北地区主要黏(铝)土矿的分布及矿带划分

豫北黏(铝)土矿集中分布于济源—沁阳—焦作—辉县—鹤壁一带。在东段因受断层破坏,矿层呈长条状分布;西段受沟谷切割,矿层在山顶成为孤立的残留体。

豫北地区黏(铝)土矿床现今的空间分布除受成矿条件制约外,还取决于成矿后的构造变形和地形切割,综合考虑黏(铝)土矿成矿规律及其所处的地质构造位置和分布形态,将全区黏土矿划分为济源—焦作黏土矿成矿亚区、马道—上刘庄黏土矿带、思礼—簸箕掌黏(铝)土矿带(见图 2-1)。

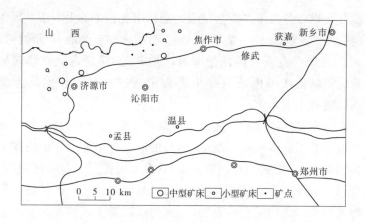

图 2-1　豫北地区黏(铝)土矿(点)分布图

2.2 不同矿带的黏土矿床地质特征

2.2.1 济源—焦作黏土矿成矿亚区

该成矿亚区西起济源,经沁阳、博爱、焦作至修武,长约 100 km,宽 10 余 km,面积约 1 200 km²。已知铝土矿、黏土矿区有思礼、克井、常坪、簸箕掌、庙岭、马道、西张庄、上白作、磨石坡、上刘庄、安阳坡等,尚有多处矿点。成矿带按矿种可划分为马道—上刘庄黏土矿带及思礼—簸箕掌黏(铝)土矿带。前者以硬质黏土矿和半软质黏土矿为主,有少量的软质黏土矿和高铝黏土矿。后者以铝土矿、高铝黏土矿为主,少量硬质黏土矿和铁矾土矿。铝土矿多呈透镜状矿体和扁豆状矿体,赋存于含矿岩系的中部,硬质黏土矿为其直接顶板或底板。铝土矿、高铝黏土矿、黏土矿为同一层位,呈相变关系,多属小型矿床或矿点。其中在图 2-1 中标出的铝土矿区(点)4 个,未在图 2-1 中标出的黏土矿区 6 个。

2.2.2 马道—上刘庄黏土矿带

该黏土矿带分布于博爱县马道—焦作市北东部的上刘庄一带。呈北东向分布,长 50 余 km,宽 20 余 km。有耐火黏土产地 10 余处,其中列入河南省矿产查明资源储量简表产地 8 处,储量占全省总储量的 11.7%。该黏土矿带以硬质黏土矿为主,占 88.4%,软质黏土矿占 6.7%,高铝黏土占 4.9%。

该黏土矿带东部修武—焦作一带以软质黏土为主,其次是硬质黏土。矿层受北东向阶梯状正断层控制,形成三个单面山。矿层露头一侧呈齿状分布,矿层被沟谷切割,残留在分水岭上,面积小,埋藏深,易露天开采。主要有上刘庄、大洼、九里山、赵窑等矿区。矿带南西部焦作—博爱一带以硬质黏土矿为主,其次为高铝黏土和软质黏土。多被近东西向断层切割成地堑和地垒相间的地块,矿层在地堑中保存完整、埋藏较深。主要有寺岭、上白作、磨石坡、干戈掌、西张庄、茶棚、马道等矿区。

黏土矿产于中石炭统本溪组。矿层产状与地层产状一致,倾向 150°～180°,倾角 5°～20°,局部因构造影响倾向转为北西,倾角变化较大。矿层长 0.2～3 km,宽 0.25～1.1 km,厚度 0.64～15.20 m,一般厚 1～5 m。矿层一般分上、下两层,上层矿位于本溪组中、上部黏土质页岩中,不稳定,厚度变化大,矿体多为大、小互不相连的透镜体,矿石以软质和硬质黏土为主,高铝黏土次之;下层矿为主要矿层,位于本溪组下部黏土页岩中,矿体呈层状或似层状,分布广,连续性好,矿石以硬质黏土为主,少量为高铝黏土和软质黏土。

部分矿区含矿系底部铁质黏土矿因含铁量高而成铁矾土,其中有的已作了综合评价。

该黏土矿带的普查勘探工作始于 1952 年,当时由重工业部钢铁局资源勘探总队在焦作西部寻找供武汉钢铁公司使用的耐火黏土。此后到 1980 年,该带的耐火黏土普查勘探一直进行,并于 1958 年先后建立了大洼、上白作、磨石坡、上刘庄等矿山,成为河南主要耐火黏土产地。

2.2.3　思礼—簸箕掌黏(铝)土矿带

该矿带由济源思礼、克井和沁阳常平、簸箕掌 4 个黏(铝)土矿组成,大致呈东西向分布。

2.2.3.1　沁阳簸箕掌铝土矿

矿区位于沁阳市北 15 km,属常坪乡管辖。为沁阳—济源成矿亚区的东部矿区。黏(铝)土矿赋存于中石炭统本溪组中上部。含矿岩系总厚度 7～42 m,含铝土矿、黏土矿和铁矾土矿三层矿,沉积顺序由上至下依次为铁矾土、黏土矿、铝土矿、黏土矿、铁矾土。铁矾土矿位于铝土矿、黏土矿的顶层和底层;铝土矿和黏土矿为同一层,两者为相互消长关系,局部夹层为黏土岩或铁质黏土岩。最厚达 32.33 m,一般 5 m 左右。区内地层倾向 145°～180°,倾角 5°～20°。

铝土矿呈透镜状矿体,局部地段为漏斗状和扁豆状矿体。一般只有一层,个别地段见 2～3 层,上层矿为层状矿体,下层矿为扁豆状矿体,中层矿为透镜状矿体(主矿体)。铝土矿体厚度 0.5 ~ 17.19 m,平均 3.43 m。矿石结构构造为豆状、鲕状、砂屑状、致密块状结构,层状、透镜状构造。矿石矿物成分主要为硬水铝石,其次为高岭石、绿泥石、水云母、明矾铝等,微量矿物有锆石、电气石、榍石、金红石、锐钛矿、褐铁矿等。铝土矿化学成分:Al_2O_3 40.80% ~ 71.54%,平均 61.20%;Fe_2O_3 1.28% ~ 23.24%,平均 5.24%;SiO_2 1.76% ~ 29.35%,平均 14.43%;S 0.01% ~ 4.018%,平均 0.08%。A/S 1.8 ~ 36.7,一般 3 ~ 6,全区平均 4.2。铝土矿体(层)顶板为铁矾土和黏土岩,底板为铁矾土矿和铁质黏土夹"山西式"铁矿。黏土矿与铝土矿为同层位,呈相变关系。矿体厚度 0.35 ~ 3.60 m,平均 0.95 m,厚度变化较大,无明显规律。矿石自然类型分为致密块、粉砂状、泥状、豆鲕状和碎屑状。矿石工业类型分为高铝黏土矿Ⅱ、Ⅲ级;硬质黏土矿Ⅰ、Ⅱ级。黏土矿矿物由水云母、水铝石和高岭石组成,微量矿物有褐铁矿、锐钛矿、有机质等。

铁矾土矿赋存于铝土矿、黏土矿的上部及下部,矿体厚度 0.25 ~ 7.19 m,平均 1.96 m。矿石自然类型:致密块状、鲕状及砂状结构,似层状构造。矿石矿物成分:主要由高岭石、水云母、叶蜡石、水铝石、黄铁矿、褐铁矿组成。矿石平均化学成分为:Ⅰ级品,Al_2O_3 49.61%,Fe_2O_3 2.35%,SiO_2 29.85%;Ⅱ级品,Al_2O_3 46.33%,Fe_2O_3 3.32%,SiO_2 31.99%;Ⅲ级品,Al_2O_3 39.55%,Fe_2O_3 5.22%,SiO_2 36.21%。

提交普查储量:铝土矿为中型规模,黏土矿为小型规模。

2.2.3.2 沁阳常坪黏(铝)土矿矿区

矿区位于簸箕掌铝土矿区的西北部,属常坪乡管辖。铝土矿、黏土矿赋存于中石炭统本溪组中上部,含矿岩系总厚度 6 ~ 24 m。矿区包括白坡、红土坡、窑头、古石沟、前后和湾等矿区(点)。地层倾向 120° ~ 160°,倾角 15° ~ 50°,呈单斜产出。铝土矿、高铝黏土矿与黏土矿为同一层位,呈相互消长关系。黏土矿位于铝土矿的上、下层,上层矿不够稳定,下层黏土矿普遍存在,Fe_2O_3 含量较高,为 0.974% ~ 12.92%,平均 3.55%。各矿点矿体情况为:

白坡矿点:主要矿种为铝土矿,其次是高铝黏土矿。铝土矿分布较广且稳定,矿体厚度 0.70~22.83 m,平均 3.84 m,A/S 2.6~9.3,平均 7.8。高铝黏土矿厚度 8.92 m。

红坡矿点:南部为铝土矿,北部为黏土矿,均为似层状矿体,铝土矿厚度 2.84 m,A/S 4.8~7.2,平均 5.1,黏土矿厚度 1.65 m。

窑头矿点:主要为铝土矿,厚度 1.84 m,薄而稳定,呈似层状矿体,A/S 3.2~7.0。

古石沟矿点:主要为铝土矿,矿体呈扁豆状,厚度 2~20 m,平均 4.00 m,A/S 4.5。

前后和湾矿点:主要为黏土矿,矿体厚度 1.93 m,厚度薄较稳定,呈层状构造。

总之,就全区各矿点而言,铝土矿厚度为 1.84~4.00 m,平均 2.0 m,矿石品位与矿体厚度成正比,部分矿点可以找到富矿段。

矿石化学成分平均为:铝土矿,Al_2O_3 62.72%,SiO_2 14.14%,S 0.028%,Ga 0.003%;高铝黏土矿,Al_2O_3 + TiO_2 61.13%,Fe_2O_3 1.88%,CaO 0.218%;硬质黏土矿,Al_2O_3 44.47%,Fe_2O_3 1.78%,CaO 0.318%。

矿石矿物成分:铝土矿和高铝黏土矿主要为硬水铝石和高岭石;黏土矿主要矿物为高岭石和水铝石,次要矿物为水云母、绿泥石等,微量矿物有蜡石、电气石、榍石、金红石、锐钛矿、褐铁矿等。

矿石结构构造:常见的有粒状、致密状、鲕状结构及少数的豆状和稀豆鲕状结构,层状似层状构造。

矿体(层)顶底板特征:顶板为灰色、黄褐色黏土岩,最厚为 4.80 m,一般 1~2.5 m。

矿体(层)底板为黄褐色、灰绿色铁质黏土岩,底部夹不规则的鸡窝状"山西式"铁矿,厚度 2~6 m。

全区铝土矿、高铝黏土矿储量均为中型规模。

2.2.3.3 济源克井铝土矿点

该矿点位于济源市克井乡,东经 112°33′~112°37′,北纬 35°09′~35°11′。矿区位于克井短轴向斜的南翼,矿体赋存于中石炭统本溪组地层。矿层走向北东,倾向北西,倾角 10°。

含矿岩系总厚度 7~10 m,由下而上为杂色黏土岩、铝土矿、铝土页岩、硬质黏土矿。其中铝土矿呈黑灰色,豆鲕状及砾状结构。厚度 2~5 m。主要矿物组合为硬水铝石和高岭石。品位:Al_2O_3 65.59%, SiO_2 13.68%,A/S 4.8,Fe_2O_3 0.59%,TiO_2 2.7%。

1967 年,经河南建材 405 地质队做高岭土普查工作,认为该矿点本溪组露头长度超过 6 km,矿层尚稳定,有贫矿及中等品位的铝土矿存在,上部黏土矿也可利用,交通方便,有进一步工作的价值。

2.2.3.4 济源思礼铝土矿点

该矿点位于思礼乡以北范寺南樊村南坡。出露地层为中奥陶统白云质灰岩。矿体产于残存的岩溶凹斗中,呈溶斗状。由于剥蚀深度大,顶板地层已不复存在。矿层产状倾向 340°,倾角 17°。厚度一般 1.5 m,最厚处在 4~5 m。铝土矿呈灰白色,豆鲕状结构,致密块状构造。品位据 4 个拣块样分析结果,平均为:Al_2O_3 68.16%,SiO_2 10.63%,A/S 6.4,Fe_2O_3 1.94%。矿体规模小,工作程度低,为民采矿点。

第3章 区域地质背景

3.1 区域地层的分布及特征

豫北地区黏(铝)土矿成矿区,大地构造上位于华北地台的南部,地层区划属华北沉积区豫北分区(见表3-1)。

表3-1 豫北地区区域地层简表

界	系	统	组	代号	厚度(m)	岩性
新生界	第四系			Q	0～311.1	冲积、坡积、洪积层
	新近系			N	163.5～620.4	棕红、灰白色泥质砂岩、砂质泥岩互层,夹数层砾石、泥灰岩
	古近系			E	606～886.1	棕红、暗红色泥质砂岩、红棕色砂质泥岩互层
中生界	三叠系			T	286.0～702	灰绿色、紫红色泥岩、砂岩互层,夹砾石层
古生界	二叠系	上统	石千峰群	P₂sh	>656.3	上部粉红色砂岩,砂质泥岩,长石砂岩,长石石英砂岩,下部黄绿、紫红色砂岩,泥岩夹砂岩
			上石盒子组	P₂s	427.7～617.1	黄绿色,少许紫红色砂质页岩夹砂岩、黏土岩、煤层及铁锰矿层
		下统	下石盒子组	P₁x	62～174	黄绿色砂岩、砂质页岩、黏土岩
			山西组	P₁s	43～112.6	砂岩、砂质泥岩、薄层煤互层
	石炭系	上统	太原组	C₃t	19.8～98.3	灰岩、燧石灰岩与页岩、砂岩及煤层交互组成
		中统	本溪组	C₂b	2.7～63	黏土岩、铝土质黏土岩、黏土矿、铝土矿、粉砂岩,下部山西式铁矿,顶部夹煤线

续表 3-1

界	系	统	组	代号	厚度(m)	岩性
古生界	奥陶系	中统	马家沟组	C_2m_{6-7}	0～210.59	上部巨厚层状灰岩,下部角砾状泥灰夹生物碎屑灰岩
				O_2m_{1-5}	200～245	上部厚层状灰岩,厚层白云岩互层,中部厚层灰岩,花斑灰岩,下部薄层泥灰岩,厚层白云岩
					95.5～117.3	上部厚层白云岩,中部灰黑色厚层灰岩,下部角砾状泥灰岩,底部灰黄色泥灰岩
		下统		O_1	38.5～166	结晶白云岩、含燧石结核条带白云岩,底部黄绿色页岩
	寒武系	上统	三山子组	$\in_3 s$	105.3	巨厚层燧石条带及团块白云岩
			炒米店组	$\in_3 c$	26.5	灰色中厚层条纹状白云岩
			固山组	$\in_3 g$	20.9	黄绿色薄层泥质白云岩、灰色中厚层鲕状白云岩、白云岩
		中统	张夏组	$\in_2 z$	237.1	上部中厚层白云岩、鲕状白云岩,下部深灰色厚层灰岩,鲕状灰岩
			馒头组	$\in_2 m$	32～105	中上部黄绿色页岩、厚层灰岩、泥质条带灰岩互层,下部紫色页岩、灰绿色海绿石长英砂岩
					61～92	上部灰岩、鲕状灰岩,中部灰绿-紫红色灰岩、页岩互层,下部砖红色页岩夹少许灰岩
		下统	朱砂洞组	$\in_1 z$	51～85	上部灰岩、泥质灰岩、页岩,下部泥灰岩夹灰质页岩及黑色透镜体燧石团块,底部为砾岩
元古界	长城系		云梦山组	$Pt_2 y$	22～175	浅紫-浅灰黄色中粗粒石英砂岩,夹紫红色页岩,顶部夹含钾页岩

　　沉积基底结构比较复杂,主要由太古界的古老变质岩系和元古界的沉积—变质岩系组成。岩性主要为各种片麻岩、片岩、石英岩、石英砂岩及少量泥岩、碳酸盐岩,相邻地区还有大量的火山岩等分布。盖层依次为古生界寒武系、奥陶系、石炭系、二叠系和中新生界盖层沉积。

受加里东运动的影响,晚奥陶世至早石炭世之间地壳上升遭受剥蚀,致使上奥陶统、志留系、泥炭系和下石炭统缺失,中石炭统本溪组为黏(铝)土矿的赋存层位,与其关系密切的地层主要是寒武系、奥陶系和上石炭统太原组。

区内出露地层自下而上分为新太古界登封岩群,古元古界银鱼沟群、铁山河群、双房群,中元古界熊耳群、汝阳群,下古生界寒武系、奥陶系、上古生界石炭系、二叠系、中生界三叠系、侏罗系、白垩系、新生界古近系、新近系地层。

3.2　区域地层

3.2.1　新太古界登封岩群(ARDf)

新太古界登封岩群(ARDf)主要分布于济源中部、辉县、鹤壁一带,出露面积约320 km²,该地层与上覆元古界、古生界呈角度不整合接触或断层接触。厚度1 274 ~ 2 700 m。属于地槽前期发展阶段产物,形成巨大厚度的以陆源碎屑为主夹大量基性喷发岩的碎屑、泥质 – 喷发岩建造。强大的五台运动使本区强烈上升,普遍发生强烈的区域变质作用、混合岩化作用使岩石变质成绿泥片岩、石英绢云片岩、黑云片岩、石英黑云片岩、石英角闪片岩、角闪片岩、角闪岩、浅(变)粒岩、片麻岩、混合片麻岩、混合花岗岩。

3.2.2　古元古界

古元古界地层集中分布于济源中西部、辉县北部、安阳及鹤壁等地,出露面积约785 km²。自下而上可分为银鱼沟群、铁山河群、双房群。厚度5 500 m。与下伏地层呈不整合或断层接触。

3.2.2.1　银鱼沟群(Pt₁yn)

早期氧化强烈、气候干燥、物质供应充足,形成一套厚层 – 巨厚层状浅海 – 滨海相陆源碎屑沉积。中晚期沉积盆地进一步扩大和加深,导致短期基性火山喷溢,首先形成数百米厚的基性火山岩建造,然后逐渐形成封闭－半封闭海湾,沉积一套钙镁碳酸盐岩建造,最后发展成为内陆泥沼相泥质－有机质建造。经过区域变质作用形成变长石石英岩、变质砂岩、绿色片岩、大理岩、角闪片岩、灰白色和肉红色厚层状白云石大理岩、大理岩为主夹绢云片岩、绢云片岩、含石墨绢云片岩。该层位是火山－沉积再造型铜矿床的主要层位,厚度 1 000 ~ 1 500 m。

3.2.2.2 铁山河群(Pt₁ts)

表现为两个完整的由滨海相演化为浅海相的沉积旋回。每个旋回前期表现为强烈下降,后期表现为频繁的振荡运动。岩石组合为从含砾砂岩开始,经厚砂岩过渡为泥质岩、碳酸盐岩。经过区域变质作用形成变质长石砂岩、石英岩、绿泥片岩、绢云片岩、大理岩。厚度 240 ~ 470 m。与下伏银鱼沟群呈不整合或断层接触。

3.2.2.3 双房群(Pt₁sh)

早期盆地下降速度较快,形成陆源碎屑岩－基性火山岩建造;中期盆地缓慢下沉,下沉一套巨厚层陆源碎屑岩夹少量火山岩建造;晚期盆地急剧下降,形成基性火山岩夹陆源碎屑岩组合;最后出现碳酸岩夹层而告结束。经过区域变质作用形成角闪片岩、混合岩化浅粒岩、变质长石砂岩、混合花岗岩、斜长角闪岩、云母石英片岩等。厚度大于1 482 m。

3.2.3 中元古界

中元古界地层集中分布于济源西部和北部、辉县北部、安阳及鹤壁等地,出露面积约 1 128 km²。由下部的熊耳群与上部的汝阳群组成。

3.2.3.1 熊耳群(Pt₂xn)

下部主要岩性为底砾岩、含砾砂岩、中粗粒－粉细粒砂岩、页岩,中部为安山岩,上部为细砂岩、粉砂质页岩、英安岩、凝灰岩、辉石安山岩。厚度大于 3 000 m,与下伏地层呈角度不整合接触或断层接触。

3.2.3.2 汝阳群(Pt₂ry)

该地层为一套碎屑沉积岩,主要岩性为巨砾岩、含砾粗砂岩、石英砂岩等。厚度 873 ~ 1 098 m,与下伏地层呈不整合接触或断层接触。

3.2.4　古生界

该地层与下伏地层呈平行不整合接触。主要岩性为寒武系、奥陶系碳酸盐岩以及二叠系的砂页岩系等沉积岩。

3.2.4.1　寒武系($\in$)

该地层是本溪组沉积基底的一部分,广泛分布于成矿区内,与下伏元古界和上覆奥陶系均呈平行不整合接触。

该地层为一套海陆交互相沉积。下部为紫红色页岩夹泥质白云岩、局部底砾岩、中-厚层状灰质白云岩、泥灰岩夹泥质条带灰岩;中部为厚层鲕状灰岩、豆状灰岩、鲕状白云岩、白云岩、灰质白云岩;上部为白云岩、糖粒状白云岩夹泥质白云岩、燧石团块白云岩等。厚度730 m。与下伏新太古界、古元古界、中元古界等角度不整合、平行不整合接触。

3.2.4.2　奥陶系(O)

该地层是本溪组沉积基底的主要地层(见图3-1),主要为中统马家沟组。其上的峰峰组在区内没有沉积。马家沟组为一套浅海碳酸盐

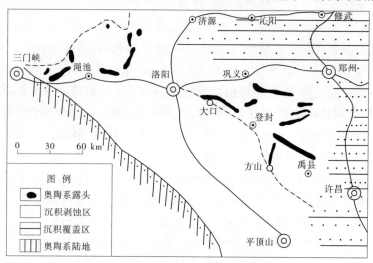

图3-1　三门峡、济源、沁阳、修武、郑州地区奥陶系分布图

岩沉积。上部为厚层致密灰岩、角砾状灰岩夹白云质灰岩、泥灰岩与页岩互层,下部为灰色薄层泥灰岩、白云质灰岩夹黄绿色页岩,底部为一层厚5~38 m的含砾砂岩,由于加里东运动的影响,该组地层普遍遭受不同程度的剥蚀,各地残留厚薄不一。总厚度为5~437 m。其变化规律是北厚南薄。

3.2.4.3 石炭系(C)

河南省豫北地区石炭系沉积区划及露头分布见图3-2。

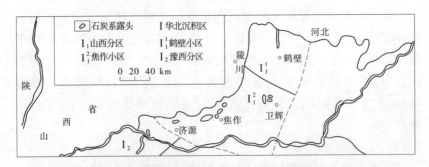

图3-2 河南省豫北地区石炭系沉积区划及露头分布

下统受加里东运动的影响而缺失。

中统本溪组以铁铝岩系为主,其次还有砂岩和煤层(线)组成,灰岩主要分布于北部鹤壁地区,其余广大地区则为陆缘碎屑沉积。本溪组的厚度2~20 m,焦作、新乡以东厚度一般大于10~15 m,总的变化趋势具南薄北厚、西薄东厚的沉积特征。本溪组的底部一般为铁质黏土岩,含褐铁矿结核,在济源、焦作、修武一带底部夹有炭质泥岩或煤层(线)。中部为铝土矿、黏土矿,其上部为豆鲕结构的高岭石黏土岩,顶部则为浅灰色含植物化石和生物遗迹。

在含矿岩系的中上部产有海相动物化石和生物遗迹,顶部有丰富的鳞木类等植物及碎片,以往发现的动物化石均产在黄河以北的鹤壁、辉县、焦作、沁阳一带,在黄河以南含矿岩系中从未找到海相动物化石。

上统太原组为含燧石团块和条带的生物灰岩夹砂岩、砂质页岩、煤等,厚51~105 m。太原组和本溪组的分布范围和变化规律一致,即北东厚、南西薄,且灰岩和煤层的层数随厚度变大而增多。

3.2.4.4 二叠系(P)

该地层主要出露于济源西北部及修武、辉县北部,主要岩性为长石砂岩、砂砾岩、页岩和泥岩等,是区域内主要的含煤地层。

3.2.5 中生界

该地层分布于济源西北部及修武、辉县北部,区内出露面积约540 km^2。主要岩性为三叠系(T)、侏罗系(J)、白垩系(K)的砂岩、砂砾岩、页岩和泥岩等沉积岩。

3.2.6 新生界

该地层主要为泥岩、砂砾石及黄土堆积。分布于山前、山间盆地及沟谷中。

3.3 区域地质构造特征

河南省豫北地区黏(铝)土矿分布区地处华北地台南部,大部分地区属于华北地台Ⅱ级构造单元豫西北古坳陷区,包括山西台隆东南缘、华熊台缘坳陷北侧及华北坳陷中南部,构造的基本特征是基底构造复杂,以紧密线状褶皱为主,并遭受强烈的区域变质作用及混合岩化作用。盖层构造较简单,主要以断裂构造为主,褶皱次之。由于地台在漫长的地质发展过程中,各时期地壳运动性质的不同所造成的构造变动差异,导致区内构造形态较为复杂。

区内构造复杂,褶皱及断裂极为发育,多期活动的正断层及少量的逆断层,显示五台期以来多次构造运动的特征,辉县以东则以高角度正断层为主要特征。显示出燕山期以来的构造运动特征,构造简单,褶皱以东西向为主,构成一个宏伟复杂的东西向隆起与盆地相间出现的构造景观,综合分析区内有关资料,主要构造特征表现如下。

3.3.1 褶皱构造

区内褶皱轴向以近南北向及近东西向为主,北西向次之。现将本区较明显褶皱叙述如下。

3.3.1.1 任村—上八里背斜

位于太行山东麓,北起林县任村,经合涧,南至辉县上八里一带。轴向 $10° \sim 15°$。微向北倾斜,长约 100 km。轴部附近被近南北向任村—西平罗断裂切割。轴部地层由太古界组成,两翼岩层倾角 $20° \sim 40°$。

3.3.1.2 卜居头向斜

位于安阳县卜居头、寨脑山一带。轴向近南北,长约 10 km。核部为中奥陶统上马家沟组。

3.3.1.3 清池背斜

位于安阳县清池一带。清池背斜、五里庙背斜和虎头寨背斜断续分布连成一线。轴向南北向,轴部由下马家沟组地层组成。

3.3.1.4 卧羊湾背斜

位于淇县西南部,北东起北四井,经卧羊湾,南西至井沟。轴向北东,长 11 km。轴部为太古界地层。

3.3.1.5 小七岭复式背斜

位于济源县北部,小七岭、虎岭一带。轴向 310°。长约 25 km,宽约 10 km,向北西倾斜伏,轴部为太古界林山群。

3.3.1.6 天台山复背斜

出露于李八庄—铜罗一带,全长近 30 km,核部由太古宇登封杂岩组成。两翼由下元古界银鱼沟群、铁山河群、双房群组成,背斜的南翼由于封门口断层的影响使背斜两翼具不对称特征。轴面走向北西,枢纽向北西倾伏,倾伏角 $20° \sim 50°$,南西端被第四系覆盖。该背斜形成于中条晚期。

3.3.1.7 安坪复式倒转背斜

西自天台山南,经安坪、汤洼至仁岭,全长约 10 km,安坪一带宽约 4 km。核部为新太古界登封杂岩曹庄组,出露最宽约 1 km。两翼为太古界登封杂岩迎门宫组。组成褶皱的地层均受不同程度的混合岩化作用的影响。褶皱轴走向 $290° \sim 310°$,两翼不对称,均倾向南西,倾角 $50° \sim 70°$,北东为倒转翼,南西为正常翼。轴面倾向南西,倾角约 60°,

大体为一等斜褶皱。脊线呈波状起伏。根据两翼迎门宫组下段片岩系,分别在天台山南及汤洼呈封闭状态,可以看出背斜向北西和南东倾伏,北西端倾伏角约 50°。该褶皱形成时代为五台期。

3.3.1.8 桃园沟背斜

西至桃园沟,向东经银鱼沟口至安坪北消失,全长 2.5 km。属安坪复背斜北翼一个规模较大的次级褶皱。组成背斜的地层为新太古界登封杂岩迎门宫组上段。背斜轴走向北西,与安坪复背斜轴向大体平行。北东翼倾向北东,倾角一般大于 50°;南西翼倾向南西,倾角大于 65°。轴面近于直立,略向北东(桃园沟附近)南西(安坪北)倾斜。该褶皱形成时代为五台期。

3.3.1.9 容沟—黄石铺褶皱组

位于容沟、黄石铺一带,瓦庙坡断层两侧。断层以北有三个背斜、两个向斜,断层以南仅发现一个背斜。规模不大,多为中小型褶皱,一般延长 1~3 km 不等。

组成褶皱的地层为下元古界银鱼沟群幸福园组及赤山沟组。幸福园组石英岩组成背斜核部和向斜翼部,赤山沟组片岩系组成背斜翼部和向斜核部。各褶皱轴的走向大体平行,由南至北轴向由 340° 渐变为南北向、北北东向,平面上呈反 S 形。两翼地层均倾向 260° 左右。轴面倾向西、南西西,倾角很小,部分地段近于平卧,为一组同向倒转褶皱。枢纽均向北、北东倾伏。

3.3.1.10 双峰山倒转背斜

位于济源克井断陷盆地西侧,走向北西,全长 7.5 km。核部为新太古界登封杂岩,两翼依次为中元古界汝阳群、寒武系、奥陶系、石炭系等。南西翼为正常翼,倾向南西,倾角 10°~90°,北东翼为倒转翼,倾角 50°~90°。轴面倾向南西,倾角小于 30°。两翼次级褶皱比较发育。该褶皱形成于燕山期。

3.3.1.11 上官庄—虎岭向斜

位于济源市西部,西起邵原乡河西,东至虎岭。长约 20 km,轴向 280°~315°。核部地层为二叠系、侏罗系和白垩系。

3.3.1.12 克井向斜

位于济源市北,西起玉皇庙,东至克井以东。长约 26 km,宽 8 ~ 10 km。核部地层为二叠系。轴向东西向。

3.3.1.13 济源向斜

位于济源市西部,西起承留,东至孔山。长约 10 km。轴向近东西向。向斜核部被第四系覆盖,两翼为下第三系地层。

3.3.2 断裂构造

本区断裂构造十分发育,纵横交错,以近东西向、北东向、北西向和近南北向四组为主(见表3-2)。各主断裂互相干扰叠加。尤其是一系列的北东向断裂,使山前一带形成地堑、地垒式的下降,有的呈阶梯式下降,对石炭系地层的分布起着保护和破坏的双重作用。

3.3.2.1 东西向断裂

东西向断裂规模较大,长几十公里至近百公里。以高角度正断层为主。规模较大的断层有盘古寺断裂带、西形盆—水峪断层、天井洼—碾上村断层、上窑头断层、西山底—上冶断层、碾盘沟断层等。

3.3.2.2 北东向断裂

北东向断裂在本区较发育,一般长 30 km 左右,但亦有规模较大的延伸近 100 km。以角度正断层为主。主要有青羊口断层、新西善应—化象正断层、白连坡—赵庄正断层、甲板剑—许河正断层、外窑—圪料返正断层、谷洞峪—朱岭正断层、常坪—小北岭正断层、汤阴—汲县隐伏断层等。

3.3.2.3 北西向断层

北西向断裂在本区亦发育,一般长 10 ~ 25 km,规模较大的长达 60 km。以高角度正断层为主。主要有封门口正断层、小七岭断层、天台山正断层、崔家庄正断层、五指岭断层等。

3.3.2.4 南北向断裂

南北向断裂在本区不太发育,除任村—西平罗断裂带规模较大外,其他规模均较小。以高角正断层为主。

表 3-2　主要断层

组	断层名称及编号	断层性质	断层面产状(°)		推测断距（m）	延伸长度（km）
			倾向	倾角		
东西向	西形盆—水峪断层	平推	180	72～85	100	20
	天井洼—碾上村断层	正	180	72～86		8
	庙口—漕汪水断层	平推	180	68～85	200	14
	碾盘沟断层	正	180	40～60	150	8
	南村—卧羊湾断层	正	180	60～83	400	29
	西山底—上冶断层	正	360	60～70	1 000	40
	西阳河断层	正	180	65	3 000	11
	上窑头断层	正	180	70～75	400	14
	盘古寺断裂带	正	180	50～70	1 000	70
北东向	人头山—清沙断层	正	133～310	65～75		20
	砚花水—教场断层	正	125～310	64～80		18
	新西善应—化象断层	正	北　西	70～80		9
	汤阴—汲县隐伏断层	正	北　西			150
	潘家荒断层	正	北　西	68		12
	天井洼—对寺密断层	正	北　西	56～87		22
	大张庄—方庄后断层	正	南　东	50～85	15	6
	青阳口断层	正	南　东	54	3 000	100
	白连坡—赵庄断层	正	北　西	52～83	100	25
	外窑—圪料返断层	正	北　西	60～80	70	20
	西小底断层	正	南　东	85	250	14
	常坪—小北岭断层	正	北　西	65～85	100	12

续表 3-2

组	断层名称及编号	断层性质	断层面产状(°)		推测断距(m)	延伸长度(km)
			倾向	倾角		
北西向	关井山断层	正	南 西	60~80	200	23
	天台山断层	正	北 东	70~75	300	14
	小七岭断层	正	北 东	70	500	25
	封门口断层	正	南 西	40~75	2 000	42
	柿郎腰断层	正	230	50~85	100	8
	崔家庄断层	正	190~230	45~73	300	22
	五指岭断层	平推	南 西	80	5 000	60
南北向	任村—西平罗断层	正	90	65~70	500	80
	北郊脑—东马安断层	正	100	80		18

3.4 岩浆岩

豫北地区区内岩浆活动频繁,自太古宙、元古代到中生代均有表现,具多旋回多期次特征。多期次的大规模岩浆活动为区内多金属矿的演化形成提供了极为有利的条件。

(1)太古代侵入岩:表现为规模较小的中基性、酸性岩侵入。分布于新太古代变质杂岩之中。由于区域变质作用及强烈的混合岩化作用,使其演变为混合花岗岩、混合片麻岩、角闪片岩、角闪岩、斜长角闪岩等岩石类型,该期岩浆活动为幔源性岩浆活动。

(2)古元古岩浆:活动早期主要表现为大规模的海相中基性岩浆间隙式喷发,形成一套富含铜铁矿质的中基性火山岩建造,银鱼沟群赤山沟组下段即为该期岩浆活动的产物。该期岩浆活动与中条山地区中条期岩浆活动相当。中期主要表现为规模较小的中基性岩体、岩脉顺层侵入或沿断裂构造呈串珠状分布。晚期为陆相中基性火山岩建造。

(3)中元古代以规模宏大的中-基性火山喷发为特征,主要表现为熊耳群的安山岩、辉石安山岩的大面积出露及规模较小的中基性岩脉的侵入等。该期岩浆活动可与中条山地区西洋河期岩浆活动相对比。

3.5　黏(铝)土矿床地层地质特征

黏(铝)土矿在区内主要赋存在石炭系中统本溪组,自下而上大体分三个岩性段:

(1)下部:直接位于奥陶系侵蚀面之上,以其显著不同的沉积建造与下伏地层相区别。岩性特征富铁质,由铁质黏土岩、粉砂岩、粉砂质黏土岩、黏土岩组成,含赤、褐铁矿及菱铁矿、硫铁矿。

(2)中部:以其显著的颜色及岩性与上下黏土岩相区别。在地貌上形成陡壁,层位较稳定,但厚度变化较大。由铝土矿及高铝、硬质黏土矿组成。耐火黏土矿一般位于铝土矿的上、下部位,构成铝土矿的直接顶、底板。

铝土矿:灰、深灰色,中厚层状,以豆鲕状为主,次见致密块状及碎屑状。豆鲕状铝土矿,含一水硬铝石90%以上,次为水云母及泥质,含量约8%,微量矿物有帘石、金红石等。一水硬铝石组成大小不同的豆或鲕,略呈扁平状,平行层面分布。

高铝黏土矿:灰、深灰色,豆鲕状,或致密块状结构,层状构造。与铝土矿相伴,由于SiO_2含量较高,致使铝硅比降低,所以主要靠化学成分与铝土矿相区别,肉眼较难分开。二者呈渐变关系。以一水硬铝石为主,另有部分高岭石、水云母等,微量矿物有电气石、榍石及锆石等。

(3)上部:以富炭质及陆源碎屑为特征,一般由炭质黏土岩、铁质黏土岩、粉砂质黏土岩高岭土矿及少量的石英砂岩组成,顶部多见煤层。

本溪组在区域内岩性变化不大,但由于受古地形影响,厚度在小范围内有较大的差异,薄者1～2 m,厚者30～40 m。区域内稳定层位厚度也有变化,并以济源王屋山一带最薄,厚5～6 m,向东至沁阳、博爱、沁阳为10～12 m。

第 4 章　豫北地区黏(铝)土矿床地质特征

4.1　石炭系的划分与对比

河南石炭系可分为华北地层区和秦岭地层区两大部分,其中豫北地区为华北地层区。

4.1.1　华北地层区

华北地层区主要出露于豫西和豫北太行山东麓地区,包括三个分区四个小区:

(1)山西分区(I_1),包括鹤壁小区(I_1^1)和焦作小区(I_1^2)。

(2)鹤壁小区,出露在安阳县铜冶至水冶一带,面积不大,近南北走向。

(3)焦作小区,出露在卫辉唐庄、焦作北部、济源克井和沁阳常平一带。

华北地层区石炭系平行不整合于奥陶系或寒武系碳酸盐岩侵蚀面上,下部为本溪组铁铝岩系,上部为太原组含煤建造,属中上石炭统;与华北其他地区一样,缺失早石炭世沉积。

4.1.2　豫北地区石炭系地层特征及对比

华北地层区内石炭系缺失下统,中统也发育不全。其沉积类型属地台型海陆交互相铝铁质含煤碎屑岩建造,含有丰富的煤、铝土矿和耐火黏土矿等矿产。北秦岭地层分区石炭系发育较全,属断陷盆地型陆相为主的含煤磨拉石建造。南秦岭地层分区缺失上石炭统,中统也发育不全。属冒地槽型海相碳酸盐岩建造。

华北地层区的石炭系,依据岩性特点历来划分为太原组和本溪组两部分。太原组是指山西组煤系地层以下含多层灰岩的海陆交互相地层,本溪组是指太原组最下层石灰岩或砂岩(相当于太原西山晋祠砂岩)与奥陶系或寒武系侵蚀面之间所夹的铁铝岩(含矿系)。河南太原组的岩石组合和化石群完全可与华北其他地区对比,因此对于它的划分在大的意见上从未产生异议。至于河南的本溪组,其岩性组仅相当于太原西山剖面的下段地层,且化石较少,其时代归属一直没有定论,成为 20 世纪五六十年代地质界长期争论的热点之一。随着河南铝土矿地质勘查工作和研究工作的不断进展,各地铝土矿含矿系中发现的化石也愈来愈多,近年来对其时代归属的认识逐渐趋于一致。

4.2　黏(铝)土矿床的含矿岩系特征

豫北地区的黏土矿主要产在本溪组中上部,以往有的文献中称"G 层铝土矿",此名出自本溪。1934 年,日本地质学者板本俊雄把我国辽宁本溪以西的烟台矿区的铝土矿和耐火黏土矿,自上而下划分为 A、B、C、D、E、F、G 等七层,A 层位于二叠系下统下石盒子组紫色及黄绿色页岩夹薄层石英砂岩顶部,B 层位于下石盒子组中上部黄绿色、紫色薄层粉砂岩中,D 层位于石炭系太原组底部灰白色中厚层中细粒石英砂岩之上, G 层铝土矿层位于本溪组下部。其中 A 层为铝土矿或硬质黏土矿,其余为铝土岩或黏土质页岩。河南的 G 层铝土矿,从产出位置和上下岩层组合来看,可以与辽宁、山西、山东等省的 G 层铝土矿对比。

植物碎片,中、下部普遍含较多的黄铁矿,呈浸染状或团块状,地表氧化后成赤铁矿和褐铁矿。构成凸镜状和鸡窝状的"山西式铁矿"。黏土岩的矿物成分主要为高岭石,次为水云母、硬水铝石、含铁绿泥石等,呈泥质和隐晶鳞片状结构。局部地区,此层中部可见有炭质页岩或薄煤层,北部如焦作大洼、上刘庄、济源大社等地,此层中夹有铁质砂砾岩或砂岩。

铝土矿层:产出形态多为凸镜状或似层状,在溶斗中常呈漏斗状产出。上下常与黏土矿相伴生,时常呈相变过渡,并有相互消长的关系。其厚度、品位和矿石类型变化较大,严格受古地形控制。铝土矿的结构构造有豆状、豆鲕状、同生砾状、致密状、砂岩状、多孔状等,前四种普遍可以见到,后两种仅在厚大矿体的中下部见及。硬质黏土矿:位于铝土矿层上部。在新安、渑池、济源一带很稳定,厚度 0.8~5 m,巩义以南则少见,多相变为铝土质页岩、黏土岩。深灰-灰黑色,硬而脆,易碎,贝壳状断口,常含植物化石碎片,黏土质页岩,粉砂质页岩夹炭质页岩、薄煤层或煤线。为含矿系的上部层位,呈灰白—黄褐—黑褐色,含植物化石和根系化石。

本溪组在豫北地区以水云母、高岭石的黏土岩为主,夹粉砂岩、铝土页岩和细砂岩,上部夹 1~2 层灰色含生韧屑泥晶灰岩和煤线。富含蜓类和植物化石,底部常有紫灰色鲕状或豆状赤铁矿或黄铁矿层。含矿系厚度变化不一,以 5~20 m 为多。豫北较厚,可大于 40 m,嵩箕地区较薄,一般为 10 m 左右。局部地段有沉积缺失现象。

石炭系主要分布在太行山东坡和南坡的低山丘陵区及与其紧邻的平原边缘。呈带状分布,在辉县以西为东西及北东向,辉县以北、西形盆地以南呈北北东向,西形盆地以北为近南北向。

4.2.1 含矿系剖面实例

4.2.1.1 焦作一带本溪组层序

上石炭统太原组燧石灰岩

————————整　　合————————

上段(C_2b^2)

13. 含铁黏土岩、黏土岩或页岩。厚 1~2 m。

12. 黏土岩夹透镜状黏土矿(上矿层)。厚 0.7~3 m。

11. 含铁黏土岩、黏土质页岩,局部为劣质煤或炭质页岩。厚 1~3 m。

10. 砂岩、黏土岩局部夹绿泥石黏土岩。厚 1~7 m。

9. 含铁黏土岩、黏土岩。不稳定,变化大。厚 1~4 m。

8. 黏土矿(中矿层)、高铝黏土矿、硬质黏土矿、软质黏土矿。厚 2 m。

7. 含铁黏土岩。厚 2~5 m。

下段(C_2b^1)

6. 铁质黏土岩,局部夹透镜状赤铁矿。厚 1～4 m。

5. 含铁黏土岩,局部夹透镜状黏土矿(下层矿)。厚 1～4 m。

4. 含铁砂岩,局部为炭质页岩。厚 1～2 m。

3. 铁质黏土岩,局部为砂岩。厚 1～4 m。

2. 砂岩,不稳定。厚 0～2 m。

1. 铁矿层,褐铁矿、赤铁矿、黄铁矿。局部夹绿泥石黏土岩。厚 0.5～11 m。

--------------------假 整 合--------------------

中奥陶统马家沟组灰岩。

4.2.1.2　鹤壁大峪本溪组层序

上石炭统太原组石英砂岩。

--------------------整 合--------------------

8. 铝土页岩夹薄层石英砂岩。厚 4.74 m。

7. 灰岩。透镜状,含腕足类化石。厚 0.48 m。

6. 铝土砂岩夹薄层石英砂岩。厚 1.20 m。

5. 长石砂岩,中厚层,细粒。厚 2.00 m。

4. 铁质黏土岩,局部为黏土矿。厚 3.00 m。

3. 石英砂岩与页岩互层。厚 4.60 m。

2. 石英砂岩。中厚层,细粒,局部含砾石。厚 4.70～5.00 m。

1. 铁矿。透镜状。厚 0.30 m。

--------------------平行整合--------------------

中奥陶统峰峰组灰岩组(O_2f)。

4.2.2　含矿岩系的岩石组合

焦作一带下段由铁质黏土岩、赤铁矿,黏土岩、黏土矿组成,局部为砂岩、绿泥石黏土岩。

上段岩性主要为砂岩、绿泥石岩、铁质黏土岩、黏土质页岩、薄煤层(线)。

鹤壁、安阳一带,下部为透镜状铁矿、石英砂岩、铝土页岩、铁质黏土岩,局部有黏土矿;上部为石英砂岩、铝土页岩夹薄煤层(线)。局部有 1~2 层透镜状灰岩。

4.2.3 含矿岩系的化学特征

整个含矿岩系以富含铝、铁、硅为其特征。在垂向上从上到下,Al_2O_3 含量由高逐渐降低,Fe_2O_3 含量由低渐为增高。Si_2O_3 中部偏高,下部较低。MgO 含量渐为增高的趋势。

4.2.4 含矿岩系的厚度及其矿层的关系

4.2.4.1 岩性变化

辉县以西,岩性沿走向及垂向上变化较大,这与古地形和环境有关。在济源一带,底部黄铁矿较为发育,中部以铝土页岩或砂岩为主,上部炭质页岩和薄煤层分布普遍,局部有铝土矿,黏土矿由铝土页岩代替。沁阳窑头—博爱汉高城,下部与上部绿泥石岩及绿泥石黏土岩常见,以高铝黏土矿为主。博爱茶棚—焦作洼村,中部砂岩、粉砂岩、粉砂质黏土岩发育,尤其寺岭和牛庄矿区砂岩厚度大,有 2~4 层;底部黄铁矿常见,以硬质黏土矿为主。焦作上刘庄以东下部铁矿发育,砂岩减少,粒度变细,而以铁质黏土岩、含铁黏土岩、黏土岩为主。绿泥石岩不发育,以软质黏土矿为主。

辉县以北,岩性以铝土页岩、铁质黏土岩及石英砂岩为主。在鹤壁沉积较厚,出现有薄煤层及 1~2 层透镜状灰岩。在铜冶以北则以砂质页岩、铝土页岩、碳质页岩、煤层为主,砂岩减少,没有出现透镜状灰岩。

4.2.4.2 含矿岩系的厚度及其变化

含矿岩系的厚度与下伏的奥陶系古地形关系密切,一般在古风化面的低凹处沉积厚度大、隆起处变薄。尤其含矿岩系下段受古岩溶地形影响明显,厚度变化大,对下伏基岩表面的负地形具有"填平补齐"作用。上段厚度较稳定。含矿岩系的厚度变化较大,最薄 2.33 m(上刘庄Ⅵ矿段),最厚 94.37 m(上刘庄Ⅵ矿段)。焦作一带一般 15~20 m。

辉县以西,含矿岩系沿走向总趋势是西薄东厚。其间有两个区段厚度较大,磨石坡—洼村厚 22~30 m,而以寺岭为最厚,达 42 m;另一区段处在上一带,厚 23~30 m,在焦作东部沿倾向方向一般北薄南厚,或两端中间厚。辉县以北,一般厚 20 m 左右,南厚北薄,而以鹤壁沙锅窑—石碑头厚度较大,达 35~45 m。

4.2.4.3 含矿岩系厚度变化实例

区内含矿岩系无论沿纵横方向还是深部厚度变化均较大,含矿岩系的厚度与下伏的奥陶系古地形关系密切,一般在古风化面的低凹处沉积厚度大、隆起处变薄。尤其含矿岩系下段受古岩溶地形影响明显,厚度变化大,以焦作洼村黏(铝)土矿为例(见图 4-1),根据矿区 59 个钻孔资料统计,含矿岩系最厚为 58.22 m,最薄为 8.71 m,平均为 21.64 m。含矿岩系厚度越大,铝土矿厚度亦越大,反之则越小。含矿岩系厚度下部变化小且稳定,中部厚度变化幅度受古地形控制,最大厚度为侵蚀面低洼放大部位,侵蚀面隆起部位为上部厚度变薄或尖灭处。

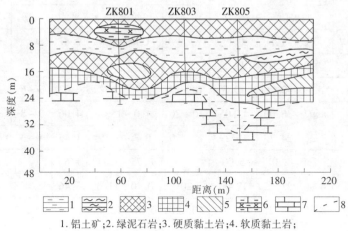

1. 铝土矿;2. 绿泥石岩;3. 硬质黏土岩;4. 软质黏土岩;
5. 高岭黏土矿;6. 铁质黏土岩;7. 石灰岩;8. 平行不整合界线

图 4-1 洼村黏(铝)土矿 8 线含矿岩系沉积剖面图

4.2.4.4 含矿岩系与矿层的关系

矿层的厚度与含矿岩系的厚度及其岩性组合有关,一般含矿岩系厚则矿层亦厚,二者成正相关关系。

据西张庄、磨石坡、洼村、上刘庄等矿区统计,含矿岩系厚度多数为

10～25 m。黏土矿厚度多为 1～4 m,且集中分布在含矿岩系厚10～25 m的地段。上刘庄矿体厚度大于 6 m,多分布在含矿岩系厚度大于 45 m 的地段(溶斗处)。而含矿岩系厚度小于 5 m 和大于 40 m 者不利成矿。

此外,在一些较深的溶斗处,含矿岩系很厚,而矿层很薄。例如上刘庄矿区 ZK479 孔,含矿岩系厚度 94.37 m,矿层厚度仅为 1 m,主要由炭质页岩所取代。

含矿岩系岩性组合以黏土岩—含铁黏土岩、铁质黏土岩为主时,则矿层较厚(见表4-1),对成矿有利(如西张庄、上刘庄矿区)。而铁矿、黄铁矿或砂岩、炭质页岩、煤层发育时,对形成黏土矿不利,矿层薄或者尖灭。例如官洗沟、大社、牛庄矿区及鹤壁、安阳地区均是如此。

表4-1 含矿岩系厚度、矿层厚度一览表

矿区(点)名称	含矿岩系厚度(m)			矿层厚度(m)			矿石类型
	两极值	平均	一般	两极值	平均	一般	
官洗沟	6.0～13.4	9.70		1.40～8.30	2.87		Al、y
大社	8.0～27.0	19.5					Al、y
窑头	5.39～30.18	13.5	10～15	0.9～15.72	4.03	3～6	Al、y
常坪	8.97～30.09	17.05	10～20	1.0～15.2	4.06	2～8	y、R
前后和湾	7.38～24.73	15.29	15～20	0.7～6.25	1.45	1～3	y、R
九府坟	2.0～8.0	5.00		0.75～3.71	1.60		y、R
茶棚	6.90～31.12	17.06	20	0.70～11.0	2.46		R、y
西张庄	4.37～45.22	16.94	10～20	0.64～12.43	3.16		y、Al
大洼	4.64～47.28	22.16		0.60～7.35	2.46		y、Al
干戈掌	7.55～32.09	14.98		0.71～4.81	1.73		y、Al
磨石坡	8.12～55.11	22.40	15～23	0.70～16.75	4.26		y、Al
上白作	10.00～28.93		15～20	0.75～8.0	1.42	1.5～3	y、R
寺岭	16.79～57.81	42.26		1.0～7.88	4.73		y、R

续表 4-1

矿区(点) 名称	含矿岩系厚度(m)			矿层厚度(m)			矿石 类型
	两极值	平均	一般	两极值	平均	一般	
洼村	8.71~58.12	21.64		1.35~5.22	2.49		R、y
王窑	6.0~23.2		17~23	0.88~4.86	4.92		y、R
上刘庄	2.33~94.37	26.99	15~30	0.70~14.39	4.17	3~5	y、R
赵窑	7.48~20.40	15.69	14~18	0.72~8.31	4.93		R
九里山	7.72~35.82	21.09		1.02~8.43		1.49~ 4.43	y
魏冯营	6.0~46.8	18.15		0.7~5.0	2.50	1.0	
沿村	12.67~21.24	16.38		0.6~6.40	2.90		
庙口			20				
大峪		24.87					
沙锅窑		39.86	35				
姬家山		22.09	24~30				
娄家山			44				
石碑山		19.47	20				
善应			16				
相应	8.0~35		20				
北山庄			26				
果园			14				
积善		12.50					

注:Al—高铝黏土矿;y—硬质黏土矿;R—软质黏土矿。

4.3　黏(铝)土矿床的含矿岩系的层位及时代

4.3.1　底界及其接触关系

对本区 20 个黏(铝)土矿区(点)含矿系的地质调查结果表明,含矿系毫无例外地赋存于上寒武统及中奥陶统白云岩、灰岩、白云质灰岩的古岩溶侵蚀面上,两者呈平行不整合接触,故其底界非常明显。表现在如下两方面:

(1)其间存在明显的碳酸盐岩古风化壳,由大小不等的灰岩或白云岩砾石组成,表面因风化呈黄褐色或紫红色的铁质外壳,呈被膜状或蜂巢状。砾石之间由蛋青色水云母黏土岩所充填,风化面呈凹凸不平状。

(2)上、下地层的产状基本一致,根据业务勘查资料,可以说明上、下两套地层无论在倾向或倾角上基本上都是一致的。在一些岩溶漏斗较为发育的矿区,似乎上覆地层与碳酸盐岩局部呈角度不整合。但从整体来说乃属平行毗连现象,上、下地层之间的产状是平行的。

上石炭统以一层凸镜状构造的含燧石生物碎屑灰岩的底面为界。两者亦为平行不整合的接触关系。根据有以下两点:

(1)风化壳的普遍存在。焦作上刘庄、沁阳常平等地,均见到本溪组黏土质页岩或铝土矿与上覆 C_3 灰岩之间有一明显的风化壳,呈凹凸不平状,厚度不大。黄褐色或紫红色,主要成分为铁染的高岭土黏土岩,并含下伏黏土页岩、铝(黏)土矿的砾石,具皮壳状和蜂窝状构造。

(2)存在多处缺失 C_2 沉积的零米点。野外见到上石炭统生物碎屑灰岩直接超覆于 O_2 灰岩或 $\in_3$ 白云岩上。

4.3.2 时代归属

自 20 世纪 50 年代初期在巩义市发现铝土矿以来,豫北黏(铝)土矿所属的含矿系时代问题一直引人瞩目。但 60 年代以前,矿层及其上下的黏土岩中从未发现具有确定时代意义的化石。

1953 年北京地质学院顾荣华等最早在小关地区 G 层铝土矿之下的铝土页岩中发现 Srigmariaicaides、Aletho pteris 等植物化石。1956 年业冶铮等于同一层位中也发现上述化石,并认为这些化石是晚石炭世大量出现的华夏植物群的重要种属,此外根据上覆灰岩中到处均可找到的晚石炭世的海相动物化石,而将含矿系时代定为晚石炭世,比华北其他地区相当层位的地层要高。20 世纪 60 年代以来,许多单位在含

矿系中陆续发现了中石炭世的标准化化石,证明了本区中石炭统的存在。计有:

(1)山西省地质局区域地质测量队在洛阳幅 1/20 万区调工作中,于沁阳云台山的相当层位发现了 Neuropreis gigantea stern. berg 大脉羊齿、Linopteris brmzgniarti(Gutbier)勃朗尼阿网羊齿。上述化石均属中石炭世的标准属种,与辽宁本溪、河北开平的本溪组均可对比。

(2)1964 年,河南省地质局区域地质测量队、河南省煤田地质勘探公司 127 队,在鹤壁大峪村本溪组铝页岩上部的灰岩层中采到 Fuszdin. a、Fusulin. ella、Pseudostofella 等化石,并在上述化石层位之下发现 Lepidode、Zdranoculusfelis 等植物化石,故认为 Lepidodendron. oczdzlsfelis 不能作为确定上石炭世地层的依据,时代归中石炭世。

4.3.3 本溪组地层组合及对比

4.3.3.1 地层组合特征

河南豫北地区的本溪组地层与含铝岩系完全相当,按岩性由下至上可分五层:

C_2^{b-1}——铁质黏土岩,紫红色、黄褐色、夹赤(褐)铁矿,俗称“山西式”铁矿。在深部为黄铁矿、菱铁矿、含绿泥石岩,底部常有一层很薄的绿、黑、白、黄等杂色黏土岩,呈包卷状、叶片状紧贴在底板风化面上,在局部地区夹硅质岩、砂砾岩透镜体,厚 0.5~20 m。

C_2^{b-2}——黏土矿或铝土岩,呈灰、灰白、灰黑、褐红色。泥质结构,豆鲕状、砾状结构,层理不明显,是黏土矿的主要层位。局部夹铝土矿透镜体,在深部常夹炭质页岩或煤层,含植物化石,是 G 层铝土矿的直接底板,厚 0.5~26 m。

C_2^{b-3}——铝土矿,灰、灰白、灰黄色,鲕状、豆状、豆鲕状、碎屑状,致密块状结构,局部夹黏土矿或铝土岩,层理不明显,在宝丰一带有时可见粉红色的季纹层。该层为 G 层铝土矿,厚 0~58 m。

C_2^{b-4}——铝土岩或黏土岩,灰、深灰色,豆鲕状结构,薄层状构造,有时相变为劣质铝土矿或黏土矿,常是 G 层铝土矿的直接顶板。厚 0.5~13 m。

C_2^{b-5}——炭质页岩或煤层(线),黑色、黄褐色。常夹灰白色黏土岩,在深部常为亮煤层,局部相变为粉砂质黏土岩。厚 0~5 m。

4.3.3.2　顶、底板界限及接触关系

含铝岩系的顶板为太原组底部的 C_2^{t-1} 生物灰岩,界限清楚,且整合接触,但由于沉积环境的不同,在局部地段亦有变化。如在豫西三门峡—新安一带则缺乏 C_2^{t-1} 生物灰岩,由 C_2^{t-2} 砂岩直接覆于本溪组地层之上,呈明显的相变关系。有人认为该层相当于晋祠砂岩层,但在实际剖面中凡有 C_2^{t-1} 生物灰岩存在,砂岩层总是在其上面。含铝岩系的底板为奥陶系马家沟组角砾状灰岩或白云质灰岩,均呈平行不整合接触。

4.3.3.3　地层对比

(1)不同地区本溪组的岩性岩相颇为相似,但厚度变化大,受古岩溶和古地理环境的显著影响。

(2)本溪组中部常夹炭质页岩或煤层,炭质页岩,页理清楚,含植物化石。

(3)豫北沁阳—焦作一带本溪组的岩性组合有较大变化,它主要由铁质黏土岩、绿泥石黏土岩、黏土矿,夹 2~3 层粉砂质黏土岩组成,有时可见中-细粒石英砂岩,最厚者可达 10 m 左右。黏土矿位于本溪组顶部,厚度较稳定。

(4)从含矿性来看,黄河以北为硬质黏土矿,局部为铝土矿,黄河以南为铝土矿,伴生有黏土矿。

4.4　豫北地区黏(铝)土矿床综合地质特征

豫北地区黏(铝)土矿床分布于华北地台南缘,铝土矿赋存于中石炭统本溪组中部。在地域上分布于济源、沁阳、博爱、焦作、辉县、鹤壁等地,下伏基底岩系为中奥陶统碳酸盐岩,本溪组与下伏寒武、奥陶系之间呈假整合或微角度不整合接触关系。在岩溶古地形发育的低洼地带,是豫北地区黏(铝)土矿床富集定位的良好场所。

豫北地区黏(铝)土矿的含矿层是由铝土矿和黏土矿组合成的整

体。该含矿层处于本溪组构成的含矿岩系的中部,呈席状大面积分布,含矿层内部的铝土矿和黏土矿呈相变,厚度互为消长,黏土矿的分布面积比铝土矿大。

据已勘探的 10 多个黏(铝)土矿床的剖面资料分析,豫北地区黏(铝)土矿体的产出有三种基本形态,即层状(似层状)、扁豆状(透镜状)、溶斗状,三者之间均有过渡类型,且可在同一矿区出现而互相连结。矿体的产出取何种形态与古岩溶侵蚀面有密切的关系。在古地形为平坦、开阔的岩溶盆地和洼地时,形成层状矿体,厚度稳定,在古地形高差悬殊相对较大的溶斗发育区,形成溶斗状矿体,中间厚、周边薄,单个矿体直径数十米至数百米,如济源下冶坡池矿床。

矿体产状基本上与围岩一致,特别是层状矿体与上、下岩层产状完全相同,但溶斗状矿体的产状很特殊,它上大下小,呈倒锥状插入下伏碳酸盐岩溶斗中,其层理从矿体周边向矿体中心倾斜,与底盘碳酸盐岩及顶板的石灰岩产状都不一致,这种产状的出现主要是铝土矿成岩时脱水、固结,矿体中部厚,导致体积收缩大,而矿体边部薄,体积收缩小造成的。所有这些矿区的溶斗状矿体还显示了成岩期仍处于塑性状态的铝土矿软泥从溶斗边缘的陡坡上向溶斗中部滑动形成的非构造褶曲和崩塌构造,而黏(铝)土矿的上覆岩层却仍然平整产出,且与上部石灰岩层产状一致。

第5章 豫北地区中石炭相古地理特征

5.1 沉积相区的划分及相特征

中石炭世本溪组厚度,具有西薄东厚、南薄北厚的特点。除北部有1~3层海相灰岩外,其余地区以黏土质岩为主。豫北一带含有植物化石和海相动物化石,在其余沉积的底部多不见煤层,向北至鹤壁、安阳一带,出现海相灰岩沉积,含丰富的海相动物化石。岩石组合和生物群这样有规律的递变,显示了中石炭世的海侵方向是由东北部和东部进入本区。根据岩石组合、沉积构造、生物化石、微量元素等特征,将区内中石炭的沉积由北至南依次划分为滨—浅海相、滨海相两个相区。

5.1.1 滨—浅海相区特征

此相区分布在淇县庙口以北的鹤壁、安阳一带以及浚县古岛以东地区,其沉积层序由两个旋回组成。第一旋回由铁质黏土岩、砂岩、黏土岩和煤层(线)组成;第二旋回由灰岩及黏土岩组成。

第一旋回底部为含铁质黏土岩。其中局部含黄铁矿、菱铁矿及"山西式"铁矿。安阳善应以南铁质黏土岩,含海绿石石英砂岩,向东北变为砂质页岩而尖灭。其厚度0~10 m余。砂岩成分主要为石英,分选好,滚圆度中等,具波状层理和低角度交错层理。其下局部有30~60 cm的中粗粒含砾砂岩,砾石由脉石英组成,砾径2 cm左右。在砂岩之上(南部)或铁质黏土岩之上(北部)过渡为砂质泥岩或高岭石黏土岩,具平行波状层理。在林县铁炉黏土岩中含腹足类、瓣鳃类、腕足类化石和植物化石碎片,再向上过渡为粉砂质泥岩,或夹煤层(鹤壁娄家沟),即变为滨海泥坪或滨海沼泽。由此可见,第一旋回是由滨海相逐渐向滨海沼泽相转化。

砂岩粒度分布为四段式,滚动组分小于 10%;跳跃组分由二段组成,占 80% 以上;悬浮组分小于 10%。粗截点在 0 左右,细截点在 3.75ϕ 左右。其偏度 −0.19 ~ −0.79,属于负偏(见表 5-1)。从其沉积中海绿石及粒度分析结果来看,沉积环境应为滨海沙滩。

表 5-1　粒度分析主要参数

样号	平均值	分选系数	偏态	峰态
ⅦL—1	2.636	1.046	−0.714	4.264
ⅧL—1	2.527	1.089	−0.797	4.352
ⅨL—1	2.084	1.104	−0.499	2.996

第二旋回由两层生物屑微晶及砂质泥岩、黏土岩组成。灰岩含生物碎屑,具扁透状层理和波状层理,有虫迹构造,含丰富的动物化石。第一层灰岩能量指数 $R = 0.33$,上部第二层灰岩能量指数 $R = 1.5 ~ 2.33$。以上两层灰岩向北和向南减为一层,北至善应以北,南至淇县庙口附近,灰岩相变为泥质岩。

灰岩中含有腕足类、瓣鳃类、腹足类、介形类、牙形石、海百合茎等,多为正常盐度的浅海底栖生物组合及漂游生物组合。其中腕足类双瓣完整,个体大小混杂,表明为原地埋藏化石群落。上述灰岩应为浅海低能环境下沉积。从第二旋回的垂向变化可以看出,其沉积环境大致为潮间 − 潮下→滨岸泥坪→潮间 − 潮下低能环境。

终上所述,滨—浅海相区的沉积特征为,中下部有海绿石的滨海砂岩,含海相化石的黏土岩,中上部为含丰富浅海动物化石组合的灰岩,有明显大波浪作用标志。灰岩以微晶为主,其构造特征及所含虫迹表明灰岩在低能环境下形成,其深度大致在浪基面附近。灰岩具扁透状层理,所含介形虫化石及生物碎屑有磨蚀现象,说明部分灰岩可能在潮间带或潮间带下部形成。

5.1.2　滨海相区特征

该相区分布在济源、孟县、郑州一线之东北地区。本溪组岩石组合底部为铁质黏土岩、鲕绿泥石黏土岩、黏土岩,局部地区发育有黄铁矿及铁矿;中部为灰色黏土岩、含铁黏土岩,局部含铝土矿和黏土矿;上部为石英砂岩(不稳定)、黏土岩、砂质黏土岩以及煤线和炭质页岩。

黏土岩的沉积构造特征,不显层理或微显水平层理及平行波状层理,铝土矿、黏土矿多为致密块状、豆鲕状及碎屑状,表明为低能环境,水动力条件只有微弱的动荡作用。

在辉县常村,博爱县黄岭、乔沟,沁阳县常平等地,本溪组下部地层中含有瓣鳃类、腹足类、介形类、腕足类动物化石,化石保存完好,腹足类保存有壳刺,为原地埋藏。局部地区(如乔沟)在上部砂质黏土岩中含有腹足类、瓣鳃类和苔藓虫等化石。植物化石以羊齿类为特征,并有鳞木属及根座化石。此外,在辉县见有淡水叶肢介化石和植物化石共生。

砂岩通过粒度分析,其粒度曲线特征除焦作寺岭地区有河口砂坝砂外,其余均为波浪带海滩砂。

微量元素特征,目前国内外一般利用泥质岩某些微量元素的含量及元素对比值作为判别沉积环境的标志。据河南省科研所对绿泥石泥岩、泥(黏土)岩和铝土矿三种岩石类型取样分析,结果见表5-2。该区各类泥质岩的 Rb/K 比值为 0.002 8 ~ 0.005 4,与微咸水与淡水沉积比值接近,B/Ga 比值为 8.78 ~ 14.88,与海水沉积比值接近,Sr/Ba 比值为 0.69 ~ 4.74,为淡水沉积到海水沉积。

表5-2 滨海相各类泥岩(黏土岩)微量元素分析

项目	Rb/K			B/Ga				Sr/Ba		
环境	正常值相页岩	微咸水页岩	现代河流沉积物	我国13个现代海洋底质样品	美国20个古代海相沉积	我国9个现代湖底质样品	美国10个现代淡水沉积	我国13个现代地质样品	鄂尔多斯中生代陆相样品	吐鲁番中生代陆相样品
比值	0.006	0.004	0.002 6	4.5 ~ 5	4.9	2 ~ 3	2.4	0.8 ~ 1	0.54	0.16
绿泥石(泥)岩	0.005 4			14.88				0.69		
泥(黏土)岩	0.003 4			8.78				1.23		
铝土矿	0.002 8			8.79				1.47		

据 p·Epoffer 等研究,在古代海相中 Ga 含量为 25.3 mg/L, Ni 含量为 41.8 mg/L,Cu 含量为 28.2 mg/L ,Cr 含量为 91.9 mg/L,V 含量为 118.2 mg/L;陆相泥岩中 Ga 含量为 16.2 mg/L, Ni 含量为 23.2 mg/L,Cu 含量为 15 mg/L, Cr 含量为 41.3 mg/L, V 含量为 72.2 mg/L。另外,一般认为在泥岩中,B 含量大于 100 mg/L 为海相,低于 70 mg/L 为陆相;B/Ga 比值大于 4.5~5 为海相,小于 3.3 为陆相;Sr/Ba 比值大于 1 为海洋沉积,小于 1 为陆相。

据统计,寺岭高铝黏土矿各类黏土岩 B/Ga 比值为 0.83~9.2,Sr/Ba 比值为 0.55,绿泥石黏土岩 B/Ga 比值为 12.5;西张庄各类黏土矿、黏土岩 B/Ga 比值为 7.5~15;常坪各类黏土矿、黏土岩 B/Ga 比值为 7.3~15;Sr/Ba 比值为 0.1~0.5;上刘庄各类黏土矿 B/Ga 比值为 15.8,Sr/Ba 比值为 0.30,各类黏土矿、页岩 B/Ga 比值为 5.6~14,Sr/Ba 比值为 0.31~0.66。各矿区 B/Ga 比值为海相,Sr/Ba 比值为陆相,各矿区多数微量元素含量均反映为海相,但也有某些微量元素含量介于海相与陆相之间(见表 5-3)。微量元素特征表明,滨海相区泥质岩类主要沉积在海相环境中,局部地区可能为淡水环境。

表 5-3　豫北地区含铁矿岩系中微量元素含量一览表

矿区名称	岩矿石名称	样品数	元素平均含量(mg/L)								元素对比		说明
			Cu	Cr	Ni	Ga	B	Sr	Ba	V	B/Ga	Sr/Ba	
焦作寺岭	高铝黏土矿	2	35	400	130	40		300		300			第二地质队光谱分析结果
	黏土岩	2	30	100	40	60	50	300		200	0.83		
	含铁黏土岩	5	47	84	76	66	610	275	500	220	9.24	0.55	
	绿泥石黏土岩	2	10	200	100	80	100	200		200	1.25		
	硬质黏土矿	1	20	200	50	10		700	500	300		1.4	
	软质黏土矿	1	50	200	50	10		300	500	300		0.6	

续表 5-3

矿区名称	岩矿石名称	样品数	元素平均含量(mg/L)								元素对比		说明
			Cu	Cr	Ni	Ga	B	Sr	Ba	V	B/Ga	Sr/Ba	
焦作西张庄	硬质黏土矿	5	18	182	145	23	188	200		62	8.17		
	含铁黏土岩	6	23	175	72	33	250	350		100	7.58		
	软质黏土矿	1	10	200	150	30	400			200	13.3		
	炭质黏土岩	1	10	250		10	300	200		250	30		
	含黄铁矿黏土矿	1	40	150	50	20	300	200		100	15		
沁阳常坪	高铝黏土矿	13	28	113	10	41	300	30		115	7.32		第二地质队光谱分析结果
	硬质黏土矿	4	20	100	10	20	300		70	70	15		
	半软质黏土岩	2	30	70	10	20	300	50	100	70	15	0.5	
	铁矾土	4	20	65	10	50	150		700	70	3		
	绿泥石岩	2	10	40		20	200			10			
	黏土质页岩	1	50	100	10	10	200	50	500	100	20	0.1	
焦作上刘庄	黏土矿	45	75	196	39	23	365	189	625	243	15.9	0.3	
	硬质黏土矿	14	51	318	60	19	1 000	192	300	407	52.6	0.64	
	半软质黏土矿	20	36	117	14	25	248	201	827	172	9.92	0.24	
	软质黏土矿	11	176	118	52	24	450	157	366	139	18.8	0.43	
	含铁黏土岩	25	47	105	37	23	206	336	581	228	8.96	0.58	

续表 5-3

矿区名称	岩矿石名称	样品数	元素平均含量（mg/L）								元素对比		说明
			Cu	Cr	Ni	Ga	B	Sr	Ba	V	B/Ga	Sr/Ba	
焦作上刘庄	铁质黏土岩	20	37	82	51	22	243	250	533	288	11	0.47	第二地质队光谱分析结果
	豆鲕状铁质黏土	10	27	64	28	27	390	257	820	184	14	0.31	
	炭质页岩	6	218	201	50	25	140	400	600	326	5.6	0.67	
焦作地区	高铝黏土矿	38		312.4	46.8	24.13	279.7	175.9		207.26	11.6		据山西216队

　　综上所述,滨海相区以泥质沉积为主,沉积构造特征反映出该区水动力条件较弱,沉积环境相对闭塞而安静。海侵初期,由于古地形的分隔,海域连通性较差,靠近古岛附近由于淡水的注入引起淡化,形成半咸水的海湾或淡化潟湖,发育了鲕绿泥石泥岩,伴有半咸水海相动物化石及淡水叶肢介化石,随着海侵的扩大,海域相互贯通,逐渐转化为正常盐度的滨海沉积,发育正常盐度的海相化石,然后海水逐渐退缩,发育了含植物化石的泥坪沉积之后又发生了一次规模不大的海侵,随着海退逐渐转化为滨海泥坪和滨海沼泽,并出现了煤层和煤线。

5.2　古地理基本面貌

5.2.1　古地理面貌

　　构造运动塑造了古地理基本面貌,并控制着海侵活动的方向和范围。华北地台受加里东运动的影响,中奥陶世末上升为陆,遭受长期风化剥蚀以至准平原化。区内本溪组沉积基底碳酸岩层存在明显差异,鹤壁地区为峰峰组（O_2f）灰岩,焦作地区为马家沟组（O_2f）或峰峰组（O_2f）灰岩,登封以南为寒武统（ϵ）的白云质灰岩。本溪组沉积厚度由北而南、自东向西递减。据此判断,其沉积地形是南高北低、西高东低倾斜极为平缓的准平原化盆地,盆地南缘为洛固古陆,主要由震旦纪和前震旦纪变质岩及火成岩组成。盆地西北侧为中条古陆,主要由震旦纪和前震旦纪变质岩、结晶片岩所组成。在盆地中尚分布有丘陵或高地,以及与高地相间排列的坳陷。当中石炭世海水侵入本区后,这些丘陵和高地便形成了岛屿与岛群,如浚县古岛,主要由前震旦系结晶片岩组成,古岛的南部由寒武—奥陶系灰岩组成,此外还有池山古岛、武陟古岛等。这些古岛在一定程度上起着障壁作用,从而减弱了海水的能量,形成低能海岸环境。邯郸—鹤壁坳陷,介于太行与浚县两古岛之间,呈北东向,南端仰起,北部开阔。沁阳—开封坳陷呈北西向展布,实际是一个被四周隆起所环抱的缓坡盆地发展起来的,焦作沁阳一带的黏土矿即在此坳陷的边部。常坪—云台坳陷位于常坪、云台山及北晋城的月湖泉一带,介于中条与太行两隆起之间,略呈北西向展布。这些坳陷地区是石灰系沉积的良好场所,是形成铝土矿、黏土矿、黄铁矿、煤的有利地段。

古陆(岛)经长期风化作用形成的风化壳物质是中石炭世沉积物质的主要来源,沉积底盘碳酸盐岩形成的钙红土型风化壳物质也为中石炭世的沉积提供了一定的物源。

在沉积盆地内,由于古地势的限制,海水入侵后,在北部和东部形成滨海-浅海相区,在中部形成了滨海相区。沉积物质变化也有所不同,在北部和东部发育有含海绿石的砂岩和海相灰岩还有泥岩,偶有黏土矿;到中部灰岩尖灭,相变为含海相动物化石的黏土岩,发育较好的黏土矿,偶有铝土矿。

中石炭世的海显然为陆表海,海水自东北部和东部侵入本区。海侵初期广大地区,尤其靠近古陆岛地区,海水较浅,有淡水注入,故发育不正常海相生物化石及淡水叶肢介化石。随着海侵范围的扩大,海水加深,逐渐转变为正常盐度的海水。

5.2.2 古气候

本溪组所含植物化石为蕨类和鳞木类,动物化石有蜓类,为温水型。含矿岩系中出现有炭质页岩和煤层(线),表明当时古气候是温暖潮湿的。经研究,现在世界上的铝土矿均产于亚热带、热带的红土风化壳中,而本区本溪组也是覆于奥陶系顶部风化壳上。另外,古地磁资料表明石炭世处于古纬度6.9°~33.82°范围。从以上几方面可以说明石炭世时期为温暖潮湿型古气候。

5.2.3　沉积环境

豫北地区含铝土岩系形成时期的沉积环境,许多学者作了不同程度的研究和探讨,过去大多认为属浅海或海滨环境,后来有不少学者提出新的看法,如刘长龄等认为属潟湖环境。我们根据多种标志的分析,认为豫北地区含铝土岩系的沉积环境属陆表海的滨海环境,黏(铝)土矿主要是在潮上带环境中形成的。

5.2.3.1　沉积剖面结构和沉积构造标志

从岩石组合分析大致可划分为三种类型:

(1)砂岩、黏土岩、灰岩组合:分布在鹤壁以北(见图5-1),通常下部为厚层状中粗粒石英砂岩,向上变为细砂岩,粉砂岩和砂质黏土岩,中夹1~3层海相石灰岩,上部为黏土岩和炭质黏土岩及煤线。砂岩中可见小型交错层理,砂质页岩、粉砂岩中局部还可见到大型交错层理(见图5-2),灰岩中见波状层理,黏土岩中多见水平层理、水平波状层理。以沙坪和混合坪环境为主,也见泥坪、潮渠和潮下环境,由1~2个旋回组成。

(2)砂质黏土岩、黏土岩组合:分布在济源、焦作、辉县以北,含铝岩系通常由上、下两部分组成,下部为铁质黏土岩、砂质黏土岩,上部为铝土岩(硬质黏土岩)、黏土岩和炭质黏土岩,以水平行层理、平行波状层理为主,页理发育,透镜体也常见,其环境多属混合坪,上部亦见坪泥。由一个或两个旋回组成,如为两个旋回,一般发育都不完整。焦作茶棚所见的剖面(见图5-3)下部为土黄色、灰色黏土岩夹铁质黏土岩透镜体,含少量粉砂,以平行波状层理为主,环境属混合坪;上部由灰白色黏土岩、深灰色铝土岩、杂色黏土岩、炭质黏土岩组成,以水平层理为主,环境属泥坪。

(3)铝土岩、黏土岩:分布在古陆边缘及古岛周围,包括渑池、新安、偃师、巩义、登封、新密、禹州、宜阳、宝丰等地。含铝岩系完整剖面自下而上分别为铁质黏土岩、黏土岩、铝土岩、铝土矿、黏土岩和炭质黏土岩。铝土矿分布在中上部,以单层为主,有时为2层或3层。铁质黏土岩中深部常见黄铁矿和菱铁矿,显示还原环境,常见水平层理,亦见

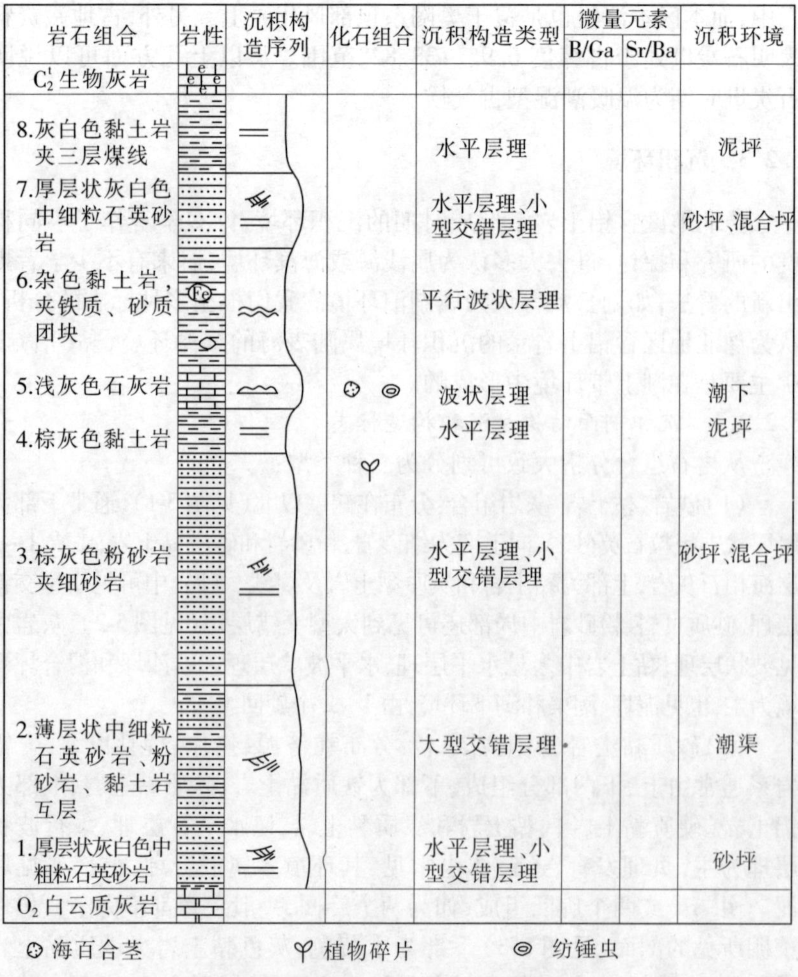

岩石组合	岩性	沉积构造序列	化石组合	沉积构造类型	微量元素		沉积环境
					B/Ga	Sr/Ba	
C_2^l 生物灰岩							
8.灰白色黏土岩夹三层煤线				水平层理			泥坪
7.厚层状灰白色中细粒石英砂岩				水平层理、小型交错层理			砂坪、混合坪
6.杂色黏土岩，夹铁质、砂质团块				平行波状层理			
5.浅灰色石灰岩				波状层理			潮下
4.棕灰色黏土岩				水平层理			泥坪
3.棕灰色粉砂岩夹细砂岩				水平层理、小型交错层理			砂坪、混合坪
2.薄层状中细粒石英砂岩、粉砂岩、黏土岩互层				大型交错层理			潮渠
1.厚层状灰白色中粗粒石英砂岩				水平层理、小型交错层理			砂坪
O_2 白云质灰岩							

⊕ 海百合茎　　　Ψ 植物碎片　　　◎ 纺锤虫

图 5-1　鹤壁天头本溪沉积相柱状图

平行波状层理。铝土岩与铝土矿接触界面有时可见到冲刷面。如登封大冶矿区炮房沟剖面厚层铝土矿与下部铝土岩接触面见有很多小泥砾沿冲刷面附近平行排列，表现明显为冲刷痕迹。又如临汝寒岭铝土矿与铝土岩界面也有一冲刷面。含铝岩系常由一个旋回组成，为泥坪发育的晚期出现，沉积物暴露地表或局部沼泽化现象。

图 5-2　鹤壁天头本溪组下部大型交错层素描图

（由沙岩、粉砂岩和黏土岩组成）

岩石组合	岩性	沉积构造序列	化石组合	沉积构造类型	微量元素 B/Ga	微量元素 Sr/Ba	沉积环境
C_2^1 生物灰岩							
6.岩质黏土岩				水平层理			
5.杂色黏土岩，含铁黏土夹3层煤线							
4.深灰色铝土岩，上下部为薄层状，中部为厚层状，含少量鲕				平行层理，平行波状层理			泥坪
3.薄层状灰色，土黄色黏土岩互层				水平层理			
2.灰白色黏土岩							
1.土黄色，灰白色黏土岩夹铁质黏土岩透镜体，含少量粉砂				平行波状层理			混合坪
O_2白云质灰岩							

Ψ植物碎片

图 5-3　焦作茶棚本溪组沉积相柱状图

5.2.3.2　微量元素标志

不同沉积环境下形成的岩石具有不同的微量元素特征，常用来作识别沉积环境的指相元素对有硼镓、锶钡、铷钾、钒锆和钍铀等。

硼和镓:沉积物中硼的含量与水体中硼的含量有关,水体中的硼除来自陆源碎屑中的电气石外,主要是从海水中吸取而来的。在黏土质岩石中,硼主要含于水云母中,少量分布在蒙脱石、绿泥石和高岭石中,矿物颗粒愈细,硼含量愈高。硼在海、陆相地层中含量差别明显,淡水系沉积或湖底质沉积中硼含量低,多在 60 mg/L 以下,海底质沉积中硼含量多在 100 mg/L 以上。镓在水里多呈悬浮体,在酸性介质中不太活泼,而在碱性介质中则是活泼的。一般情况下,镓在陆相黏土质岩石中的含量比在海相黏土质岩石中高些,但也有相反的情况。硼镓比值的大小对海水沉积物和淡水沉积物更具有典型的特征。据 Э. H. ЯНОЭ 资料,B/Ga 比值淡水相为 1.5,近岸海相为 7。从河南及各矿带来看,铝土矿含硼 60~375 mg/L,含镓 73~88 mg/L,B/Ga 比值为 0.7~4.3,硼显示海相特征,镓显示陆相特征,硼镓比值显示陆相或近陆的海相特征。硼、镓分析表明(见图 5-4),河南豫北地区黏(铝)土矿沉积相除显示陆相淡水沉积外,其余均为近陆的海相半咸水沉积。

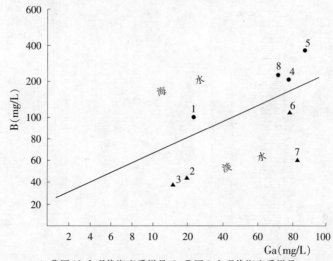

1. 我国 13 个现代海底质样品;2. 我国 9 个现代海底质样品;
3. 美国 13 个古代淡水样品;4. 三门峡—新安矿带铝土矿;
5. 龙门—巩义矿带铝土矿;6. 禹州矿带铝土矿;
7. 宜阳—宝丰矿带铝土矿;8. 河南铝土矿总平均值

图 5-4   B - Ga 含量离散图

第 6 章　豫北地区黏(铝)土矿床地质特征

6.1　矿体形态、产状的分布及特征

豫北黏(铝)土矿集中分布于济源—沁阳—焦作—辉县一带。在东段因受断层破坏,矿层呈长条状分布;西段受沟谷切割,矿层在山顶成为孤立的残留体。

6.1.1　矿体(层)形态、产状及规模

矿体形态、产状主要取决于基底碳酸盐岩古岩溶地形,古地形平坦,矿体呈层状、似层状,古地形凸凹不平,多形成透镜状矿体。古地形为岩溶斗则形成溶斗状矿体。

黏土矿一般有 2~3 层,中层矿为主矿层。呈层状和似层状,上下矿层(矿体)呈透镜状,个别为溶斗状。溶斗状矿体呈上大下小的锥状,其层理往往从矿体周边向中心倾斜,以致形成上平下凹的形态。

矿体产状与围岩一致。官洗沟—下冶一带,倾角 10°,沁阳—焦作一带,倾向 100°~130°,倾角 10°~15°;辉县以北,倾向北东和南东,倾角 10°~25°。主矿层(中层矿)单个矿体长 1 000~2 400 m,一般长 600~1 000 m,宽 400~800 m,最大厚度 15.72 m,最薄 1.00 m,平均厚度一般 1.5~4 m,上下矿层单个矿体一般长 100~200 m,宽 50~100 m,厚 1~2 m。

据统计,辉县以西共有黏土矿床(点)35 个,其中大型一个(西张庄)、中型 16 个、小型 2 个、矿点 16 个。辉县以北因工作程度低,目前只有矿点 4 处。

6.1.2 矿层(体)内部结构和厚度变化

大部分矿区具有 2~3 层矿,称之为"上、中、下"矿层,个别矿区只有一层矿,矿层间距,上层与中层一般为 2~4 m,最大 10~12 m(上刘庄矿区),中层矿与下层矿为 2~4 m,最大 6~12 m。有些矿区只有上下两层矿,其间距一般为 3~5 m,最大 14 m(上白作矿区)。同一矿层由 1~2 种矿石类型所组成,其间有明显的界线,在垂直方向上矿石类型的分布无一定规律;在纵横方向上矿石类型变化较大。在常坪一带矿层上下为硬质黏土矿,中间为高铝黏土矿。矿体内夹石很少,一般厚度小于 1 m,多为含铁黏土岩、黏土岩及铁质黏土岩。

上矿层和下矿层多为透镜状矿体,厚度为 1~2 m,变化较大。中矿层是主矿层,呈层状及似层状,厚度变化中等。连续性好,局部有分叉现象。矿层最厚 15.72 m(窑头),最薄 1 m,平均厚度多为 1.5~3 m。

辉县以西,由西到东,矿体时厚时薄,呈波状起伏。其间窑头、常坪、西张庄、磨石坡、寺岭、上刘庄等矿区较厚,平均厚 3~4.5 m。博爱县焦古堆—柏山沿倾斜方向(北→南)矿体厚度由薄变厚,例如窑头矿区黏土矿最厚 15.72 m,沿走向时厚时薄,波浪状,总的是西厚东薄,沿倾向北厚南薄。西张庄主矿体(上 II 矿层)最厚 12.43 m,最薄 0.64 m,西厚东薄;北和中间厚,南薄。寺岭主矿层呈波状起伏,时厚时薄。上刘庄主矿体(中$_2$)最厚 14.39 m,最薄 0.7 m,沿走向东西两端厚,中间薄;沿倾斜方向中间厚,两端薄。

6.1.3 矿体围岩及夹石

划分矿体与围岩的主要依据是化学成分,整个含矿岩系基本上为一套 Al_2O_3 黏土岩类,根据 Al_2O_3 及 SiO_2 高低及铝硅比值大小划分矿体层或围岩。

由于矿层顶底板围岩多为黏土岩类,局部为碎屑岩,所以较为松软,易碎。矿石夹石为黏土岩类,以焦作上刘庄矿区为例,主要矿体的顶底板及夹石化学成分见表 6-1。

表 6-1 上刘庄矿区铝土矿体顶底板围岩及夹石化学成分

矿体	顶底板及夹石	项目	化学成分含量									
			Al_2O_3	TiO_2	Fe_2O_3	CaO	MgO	SiO_2	K_2O	Na_2O	烧失量	Li_2O
主矿体	顶板	最高	37.86	2.07	22.45	1.56	0.36	59.58	1.77	0.20	13.95	0.174
		最低	9.49	0.85	0.92	0.20	0.27	42.98	0.08	0.02	4.79	0.023
		平均	28.44	1.63	9.06	0.64	0.32	49.33	0.82	0.12	11.14	0.070
		样品数	8	8	8	7	2	7	6	6	8	8
	底板	最高	34.14	1.69	15.55	0.65	0.75	69.74	2.64	0.24	19.32	0.165
		最低	16.09	0.98	1.78	0.11	0.34	32.66	0.20	0.09	4.95	0.029
		平均	26.76	1.25	9.61	0.35	0.51	50.71	1.12	0.16	11.27	0.090
		样品数	10	10	10	10	5	8	6	6	10	9
	夹石	最高	34.86	1.87	7.98	0.29		45.26	1.55	0.14	13.87	0.245
		最低	30.45	1.49	3.30	0.23		43.10	0.95	0.12	10.81	0.060
		平均	32.66	1.68	5.64	0.26	0.64	44.18	1.25	0.13	12.34	0.153
		样品数	2	2	2	2	1	2	2	2	2	2

6.2 本溪组共生矿产及伴生有益组分

6.2.1 "山西式"铁矿

"山西式"铁矿主要分布在沁阳、博爱、焦作、修武以及鹤壁一带。已知小型矿床 12 个,矿点 38 个。探明工业储量 7 479 万 t、地质储量 7 187 万 t。

铁矿产于本溪组的底部和中下部,一般为两层矿。底部矿层直接覆于奥陶系古风化面之上,呈鸡窝状、透镜状,不稳定,厚 0.3 ~ 2 m。上部铁矿层为似层状,较稳定,厚 1 ~ 4 m,局部厚达 22 m。矿石类型有赤铁矿、褐铁矿、绿泥石等。全铁品位 20.22% ~ 57.96%,平均 35.70%。由于分布零星,品位较低,目前很少利用。

6.2.2　黄铁矿

区内已勘探过的黄铁矿区有济源市官洗沟,焦作市冯封、王封、新庄,博爱县柏山。探明储量 8 000 万 t。有的矿区已被开采利用。

黄铁矿存于本溪组底部及中下部,与"山西式"铁矿为同一层位,一般有上、下两层矿。下矿层呈透镜状,厚度变化不大,一般厚 0.6 ~ 3 m,最厚达 12.09 m,全硫含量 15% ~ 30%。上矿层呈透镜状、似层状,较稳定,厚 1 ~ 2 m,最厚 5.09 m,全硫含量一般 10% ~ 20%。黄铁矿矿物多呈半自形或自形粒状集合体或呈团块状、结核状产于黏土质页岩中。

柏山黄铁矿,经选矿后精矿品位达 41.67%,回收率 93.7%,可选性良好。

6.2.3　伴生有益组分——锂

在焦作地区进行黏土矿的普查勘探工作中,发现本溪组黏土岩(矿)内普遍伴生有锂。在已勘探的五个矿区(大洼、西张庄、寺岭、上刘庄、洼村)均系统取化学样进行分析,Li_2O 含量一般在 0.05% ~ 0.15%,最高达 1.81%。按 Li_2O 边界品位 0.05%、块段平均品位 0.08% 的要求(1972 年矿产工业要求参考手册),上述五个矿区 Li_2O 储量共计 12.19 万 t。

在鹤壁、安阳及济源西部黏土岩(矿)中取样,对 Li_2O 进行化学分析,大部分样品 Li_2O 含量在 0.05% 以上,最高 1.21%。

1983 年河南省地矿局地质二队在上刘庄按不同矿类型、不同岩性在岩芯中系统采取 30 个样品,送中国科学院贵阳地球化学研究所进行锂的赋存状态及提取回收利用研究。经初步研究,锂主要以锂绿泥石形式(锂的独立矿物)存在,其次是分散在高岭石、伊利石、叶蜡石等矿物中。特别以高岭石最多,Li_2O 含量达 0.1%。不同类型黏土矿物组合中,Li_2O 含量有明显差异,其差异取决于锂绿泥石的含量。本区锂绿泥石颗粒细小,结晶程度一般较差,常与高岭石、伊利石和叶蜡石伴生。由于它的化学性质较稳定,用湿法分选出来很困难,只能用超速离心机进行分离,但成本高,因而为黏土矿的综合利用带来相当大的困难。

虽然目前锂的回收利用问题还未解决,但豫北黏土岩(矿)中伴生的锂,是一个不可忽视的潜在资源。

6.2.4   其他伴生有益元素

在黏土岩(矿)中还伴生有镓、钪、钇、镧、铌等有益元素。据光谱半定量分析结果,镓含量一般在 0.001% ~ 0.005%,最高可达 0.007%,钪含量一般为 0.003% ~ 0.004%,钇含量一般为 0.002% ~ 0.007%,部分高达 0.001% ~ 0.02%,镧含量一般为 0.001% ~ 0.003%,个别高达 0.002 5%,铌的含量最高可达 0.007%。

6.3   黏(铝)土矿的结构构造

矿石的结构主要有鲕状结构、泥质结构、豆状结构,次为显微粒状结构、隐晶结构。

鲕状结构:常与豆状结构同时存在。鲕粒一般呈球形、椭球形、不规则形,粒晶 0.1 ~ 0.2 mm,一般为 1 mm,多具同心圆结构,其同心层可达 4 ~ 8 层。主要由水铝石组成,或间以黏土矿物。鲕粒核心由水铝石或高岭石、叶蜡石组成。鲕粒间充填物为水铝石和黏土矿物的混合物。

泥质结构:主要由微细粒的黏土矿物组成,表面具滑腻感。

豆状结构:豆粒直径 2 ~ 5 mm,豆粒由水铝石、高岭石或伊利石组成。

矿石的构造以块状为主,部分为层状及土状构造,极少量具有微层状构造、定向构造、平行构造和毡状构造。

高铝黏土矿多具鲕状结构、豆状结构,其次是泥质显微鳞片结构,以块状构造为主,部分呈定向构造。

硬质黏土矿以泥质结构为主,显微鳞片结构、粒状结构居次。以块状构造为主,其次是层状构造、定向构造。

软质黏土矿具泥质结构、显微鳞片结构、块状构造和微层状构造、土状构造、定向构造。

6.3.1　矿石结构

豫北地区铝土矿中的含水氧化铝矿物主要是一水硬铝石,一水软铝石和三水铝石只在少量样品中发现,说明本区铝土矿物的生成特点基本是一致的,因此铝土矿的结构类型对它的成因揭示有重要意义,所以本区铝土矿的结构采用结构—成因分类(见表6-2)。

表 6-2　豫北地区铝土矿结构—成因分类

(适用于水铝氧化物 >50% , Al_2O_3/SiO_2 > 2.1 的铝土矿)

颗粒百分数	主要填隙物 泥基		经水动力搬运沉积,成岩—后生作用阶段结构基本保留的铝土矿				数种颗粒混合	结构类型	说明
			磨蚀颗粒	磨蚀—加积—凝聚颗粒	加积—凝聚颗粒				
	泥晶	质	碎屑	包块	鲕粒(豆粒)	团粒			
50%		<10%	碎屑铝土矿	包块铝土矿	鲕粒(豆粒)铝土矿	团粒铝土矿	颗粒铝土矿	颗粒结构	生土,各铝矿类土受化淋交再晶高石硅成隐铝矿表铝矿类土受化蚀代结或岭生的晶土；积坠铝矿或积坠铝矿,垮角结构变层形理搅撕构造等
		>10% <50%	泥基碎屑铝土矿	泥基包块铝土矿	泥基鲕粒(豆粒)铝土矿	泥基团粒铝土矿	泥基颗粒铝土矿	泥基颗粒结构	
0~25%	泥晶	$\frac{1}{10}$泥基	碎屑泥晶铝土矿	包块泥晶铝土矿	颗粒(豆粒)泥晶铝土矿	团粒泥晶铝土矿	颗粒泥晶铝土矿	颗粒泥晶结构	
		$\frac{1}{10}\sim\frac{1}{4}$泥基	碎屑贫泥泥晶铝土矿	包块贫泥泥晶铝土矿	鲕粒(豆粒)贫泥泥晶铝土矿	团粒贫泥泥晶铝土矿	颗粒贫泥泥晶铝土矿	颗粒贫泥泥晶结构	
		$\frac{1}{4}$泥基	碎屑富泥泥晶铝土矿	包块富泥泥晶铝土矿	鲕粒(豆粒)富泥泥晶铝土矿	团粒富泥泥晶铝土矿	颗粒富泥泥晶铝土矿	颗粒富泥泥晶结构	

续表 6-2

颗粒百分数	主要填隙物		经水动力搬运沉积，成岩—后生作用阶段结构基本保留的铝土矿						说明
	泥基		磨蚀颗粒	磨蚀—加积—凝聚颗粒	加积—凝聚颗粒		数种颗粒混合	结构类型	
	泥晶	质	碎屑	包块	鲕粒(豆粒)	团粒			
5%~10%	泥晶	$\frac{1}{10}$泥基	含碎屑泥晶铝土矿	含包块泥晶铝土矿	含鲕粒(豆粒)泥晶铝土矿	含团粒泥晶铝土矿	含颗粒泥晶铝土矿	含颗粒泥晶结构	生土，各铝矿风淋交再晶高石硅成隐铝矿　表铝矿类土受化蚀代结或岭脱生的晶土　积坠铝矿，垮角结变层掺—裂构　塌或积土具塌砾构形理搅撕构等
		$\frac{1}{10}\sim\frac{1}{4}$泥基	含碎屑贫泥泥晶铝土矿	含包块贫泥泥晶铝土矿	含鲕粒(豆粒)贫泥泥晶铝土矿	含团粒贫泥泥晶铝土矿	含颗粒贫泥泥晶铝土矿	含颗粒贫泥泥晶结构	
		$\frac{1}{4}$泥基	含碎屑富泥泥晶铝土矿	含包块富泥泥晶铝土矿	含鲕粒(豆粒)富泥泥晶铝土矿	含团粒富泥泥晶铝土矿	含颗粒富泥泥晶铝土矿	含颗粒富泥泥晶结构	
10%		$\frac{1}{10}$泥基	泥晶铝土矿					泥晶结构	
		$\frac{1}{10}\sim\frac{1}{4}$泥基	贫泥泥晶铝土矿					贫泥泥晶结构	
		$\frac{1}{4}$泥基	富泥泥晶铝土矿					富泥泥晶结构	
	重结晶铝土矿		按泥质含量多寡分为晶粒铝土矿，其泥质含量 $<\frac{1}{10}$(泥质＋铝土矿物晶粒)；贫泥晶粒铝土矿，其泥质含量 $=\frac{1}{10}\sim\frac{1}{4}$(泥质＋铝土矿物晶粒)；富泥晶粒铝土矿，其泥质含量 $>\frac{1}{4}$(泥质＋铝土矿物晶粒)。重结晶的晶粒按其粒径大小分为粉晶、细晶、中晶、粗晶、极粗晶，如富泥粉晶铝土矿、贫泥细晶铝土矿等					晶粒结构、贫泥晶粒结构、富泥晶粒结构	

6.3.1.1 矿石结构类型及其特征

豫北地区铝土矿矿石结构—成因类型主要为泥晶结构、碎屑结构、豆鲕粒结构、颗粒结构、晶粒结构(重结晶结构),次为交代结构。

1)泥晶结构

矿石的手标本呈致密状,主要由水铝石组成,并夹杂有一定量的高岭石、水云母、叶蜡石等矿物。水铝石多呈不规则粒状。少数为半自形柱粒状,粒径通常小于 0.01 mm,单偏光镜下为灰色或灰褐色,半透明,晶粒外形隐约可辨,在泥晶间常布有呈显微鳞片状高岭石、叶蜡石、绿泥石、有机质等。在泥晶水铝石集合体中分布少量铝土矿碎屑、豆粒、鲕粒等颗粒。

2)碎屑结构

矿石的碎屑物多由泥晶($d < 0.01$ mm)水铝石、微晶($d = 0.06 \sim 0.01$ mm)水铝石及部分叶蜡石、高岭石、黏土矿物等组成。碎屑呈不规则状、椭圆状、圆状,磨蚀程度较好,部分呈次棱角状,分选性差,各粒级常混杂分布,但多以砂屑为主,粒径多在 0.5 ~ 2 mm;砾屑和粉屑次之,粒径分别为 2 ~ 7 mm 和 0.063 mm 左右,碎屑含量一般在 25% ~ 50%。填隙物主要为泥晶、微晶、水铝石、黏土矿物、叶蜡石、绿泥石等矿物。

3)豆鲕粒结构

矿石中的豆鲕粒主要有晶粒状、泥晶状水铝石,次为叶蜡石、高岭土、水云母、黄铁矿、绿泥石等矿物。豆粒、鲕粒多呈浑圆状、扁圆状或微扁圆状,少数呈拉长状。鲕粒粒径一般多在 0.4 ~ 2 mm,少数小于 0.4 mm,豆粒粒径多在 2 ~ 4 mm,最大达 6 mm 左右,豆鲕粒的同心层较发育,一般为 2 ~ 3 层,多者达 5 ~ 6 层,但局部也有具水铝质的表鲕和由数个鲕粒构成的复鲕。单纯的豆粒结构和鲕粒结构较少,而更多的是过渡型结构——豆鲕粒结构。豆鲕粒的含量一般在 40% ~ 50%,多者达 70% ~ 80%。填隙物主要为泥晶水铝石、晶粒状水铝石、鳞片状黏土矿物、叶蜡石等。

4)颗粒结构

矿石结构有些兼具两种以上的结构特征,此种结构中豆粒、鲕粒、团粒和各种形态、粒级的碎屑混杂分布,其含量有时也大致相同,故通称颗粒结构。

5)晶粒结构(重结晶结构)

矿石的手标本呈较好的均质。主要由水铝石组成,并含有少量的高岭石、水云母、叶蜡石等矿物。水铝石多呈不规则粒状、半自形柱粒状,少数为半自形 - 自形柱状、短柱状、粒径大于 0.01 mm,一般在 0.01~0.08 mm,最大粒径达 0.2 mm,粒间常布有鳞片状高岭石、叶蜡石、水云母、绿泥石等矿物。在晶粒状水铝石集合体中常分布有少量的豆鲕粒、团粒、铝土矿碎屑。

6)交代结构

黏(铝)土矿矿石中局部存在着交代结构,其矿物组成主要为高岭石,次为方解石、菱铁矿、叶蜡石、赤铁矿和黄铁矿,呈渗透状、蚕食状,或沿矿石的裂隙交代水铝石,呈现交代假象结构、交代残留结构。

6.3.1.2　豆鲕粒内部构造及其矿物特征

铝土矿矿石中豆鲕粒内部构造分为豆鲕核心和同心层两个部分。

(1)豆核和鲕核的物质组分主要有固体碎屑和半固体塑性状物质。

固体质碎屑所组成的豆鲕粒核心,主要为隐晶质微粒状结构的铝土矿碎屑,其次为黏土矿叶蜡石集合体碎屑,并多呈次棱角状 - 半滚圆状。

由半固体塑性状物质所组成的豆鲕核心多为由水铝石、黏土矿物、叶蜡石、绿泥石组成的不均一的瘤状结核体,或不规则团块,这些核心常发育着缩水裂隙和空洞。

(2)豆鲕粒的同心层,主要为水铝石层,其次为黏土矿物层(包括叶蜡石层)和含高钛铁质水铝石层,同心层常呈互层状,层数一般 2~3 层,多者达 5~6 层。鲕粒同心层较豆粒发育,且层纹细致清晰。豆粒同心层少而不清,层间多发育着平行或垂直同心层的缩水裂隙。裂隙多被洁净的水铝石、叶蜡石和黏土矿物充填。在同心层之间也常密布有微细的呈自形 - 半自形粒状锐钛矿。不管是豆粒还是鲕粒,其最外层一般总是由水铝石层或含铁钛质较高的水铝石层组成,极少数由黄铁矿组成。

对铝土矿中的鲕粒同时作电镜鉴定和电子探针分析,结果表明从核心到外圈层分别为:①柱粒状水铝石、粒间充填少量黏土矿物;②柱粒状水铝石,中心布有纤维状高岭石;③纤维——鳞片状高岭石;④粒状水铝石,中心布有纤维状高岭石。其分析结果为:①Al 92.29%,Si 2.19%,Ti 5.52%;②Al 95.88%,Ti 4.12%;③Al 50.65%,Si 49.35%;④Al 96.07%,Ti 3.93%。

6.3.1.3 碎屑种类及其形态特征

根据矿物成分、内部结构、构造、形状和挤压程度等特征,本区铝土矿石中的碎屑有以下几种。

1)固结水铝石质碎屑

固结水铝石质碎屑由隐晶质、微粒状水铝石组成,多呈团块状、不规则状,滚圆度较好,多呈次滚圆状,少数呈次棱角状和滚圆状。碎屑表面有时具有一层很薄的铁质薄膜,其内部多具晶粒状结构。少数具有原岩的碎屑状,豆鲕状结构。在具有碎屑状或豆鲕状结构的碎屑物中,其碎屑边缘往往有呈半球状豆鲕粒或残缺状碎屑的分布。

该种碎屑为水铝质的豆粒、鲕粒单体,表面有的光滑,有的凹凸不平或具有一层铁质薄膜,少数豆屑、鲕屑还附有少量的水铝石质胶结物,碎屑内部仍保留着豆鲕粒结构特征。

2)半固结水铝石质碎屑和黏土质、叶蜡石质碎屑

该种碎屑由隐晶质、微粒状水铝石或鳞片状黏土矿物、叶蜡石组成。多呈不规则状、扁圆状、豆荚状,由于挤压作用,碎屑常呈微曲状、波曲状,与固结水铝石质碎屑的接触面多呈缝合线状、波曲状。

6.3.2 矿石构造

豫北地区铝土矿矿石构造类型较简单,大致可分为平行定向构造、致密块状构造和蜂窝状构造三种,三者之间在其内部结构和外部特征方面均有明显的差异,详述如下。

6.3.2.1 平行定向构造

矿石主要由一水硬铝石组成的椭圆状、扁豆状的豆鲕或一向伸长

的铝土矿碎屑、砾石所构成,它们各自的长轴绝大部分总是沿着层理作平行定向排列,粒序无规律,分选极差。豆鲕状、碎屑状或砾状结构的矿石多具此类构造。

6.3.2.2 致密块状构造

矿石结构均匀,致密坚硬,部分经风化呈松散土状。该类矿石在薄片中可见到,有些极细的呈卵状的碎屑物其小头总是向着一个方向排列,也有些碎屑物其长轴垂直流动方向分布,这些碎屑也往往都被呈流动的细微层理所包围,故镜下又称之为显微流动构造。

6.3.2.3 蜂窝状构造

矿石中常发育着呈拉长状、扁豆状或不规则的空洞,按空洞的大小可分为蜂窝状(空洞大小为 3～5 mm,个别大于 5 mm)、多孔状(孔径为 1～3 mm)、针孔状(孔径小于 1 mm),这些空洞多为中空状,但部分仍能见到空洞中的残留物。这些残留物主要为黏土矿物(高岭石、水云母)和褐铁矿,使矿石构成白色斑点或褐红色斑点结构。从空洞中残留物来看,蜂窝状构造是黏土矿物和铁矿物风化淋蚀造成的。

6.4 黏(铝)土矿的化学成分及其变化特征

矿石的主要化学成分为 Al_2O_3、SiO_2、Fe_2O_3、TiO_2、S 等,Al_2O_3 为主要有益元素,SiO_2 为主要有害元素,Fe_2O_3 具有双重性,次要有害组分为 S、CO_2、TiO_2 及 CaO/MgO,次要有益组分为 K_2O、Na_2O。

Al_2O_3 为主要有益组分,其含量最高达 77.15%,最低在 60.85% 以上,Al_2O_3 含量高低与矿体厚度成正相关关系。

SiO_2 为铝土矿的主要有害元素,其含量最高可达 33.8%,平均为 11.5%～15.84%,SiO_2 的含量与 Al_2O_3 的含量和矿层厚度呈负相关关系。

Fe_2O_3 为双重性,适量有利。对烧结法而言,一般要求含量在 7%～10% 为宜,Fe_2O_3/Al_2O_3 控制在 0.08～0.12 较好,本区 Fe_2O_3 含量在 0.13%～27.7%,平均在 2.82%～4.02%,为低铁或含铁型矿石,铁含量在矿层中反映出在矿层下部高、中部低、上部高的普遍性。

A/S 比:该指标是界定矿与非矿的主要指标,本区最高达 20.61,随着铝土矿资源的减少和新技术、新方法的运用,工业指标在不断降低,新增铝土矿资源量会大大增加。

Li_2O:综观全区,Li_2O 均有较高的含量,它是电解铝行业不可多得的有益物质,矿区 Li_2O 是矿石中伴生的主要稀有金属,储量较大,经济价值高,含量在 0.028% ~ 0.786%,平均 0.164%;其赋存状态尚未查明。从各矿区各种岩性的化学分析结果来看,Li_2O 的含量与 Al_2O_3 密切相关,整个含矿岩系中,非黏土矿不含或含很少的 Li_2O,而黏土类岩石普遍含 Li_2O,且以黏土岩含量较高,可见 Li_2O 含量与 Al_2O_3 有较为明显的同步关系。关于铝土矿中伴生 Li_2O 的回收,目前已有所进展,还应加强研究,以期较好回收,充分发挥资源的潜在价值。

6.5 化学成分

6.5.1 主要成分及次要成分

豫北地区黏(铝)土矿主要成分为 Al_2O_3、SiO_2、Fe_2O_3、TiO_2 及烧失量,次要成分为 FeO、CaO、MgO、K_2O、Na_2O、P_2O_5、V_2O_5、S、CO_2 和 C 等。

豫北地区黏(铝)土矿一般具高铝、高硅、低铁特征,多数矿床 Al_2O_3 的平均含量为 63% ~ 68%,最高为 70.79%;SiO_2 多在 8.5% ~ 13%,最高为 16.78%;Fe_2O_3 一般为 2% ~ 4.9%,最高为 7.08%;TiO_2 一般为 2.7% ~ 3.4%,最低为 1.9%。四项主要化学成分 Al_2O_3、SiO_2、Fe_2O_3、TiO_2 的总和常为 83% 左右。这是河南豫北地区黏(铝)土矿化学成分的一个重要特征。

黏(铝)土矿中次要成分 FeO、CaO、MgO、K_2O、Na_2O、P_2O_5、S、CO_2、C 等的含量均在 1% 以下,仅部分矿区 K_2O 及 CaO 的含量超过 1%,P_2O_5 的含量一般为 0.11% ~ 0.15%,最高为 0.173%,最低为 0.012%,变化不大,V_2O_5 的含量一般为 0.02% ~ 0.06%,变化也不大。

6.5.2　微量元素

黏(铝)土矿中计含 Ga、Li 等 21 种微量元素。其中大于维诺格拉多夫平均含量 2 倍以上的元素有 Li、Zr、Nb、Ta、U、Th 等 6 种,部分大于 2 倍维氏值的元素有 Ga、B、Pb、Cr、Zn、Y、Yb 等 7 种,其余仅接近或低于维氏值。

豫北地区黏(铝)土矿中微量元素的组合总的看符合一般规律,但也具有地区性的特色,它反映了微量元素的富集与元素本身的地球化学性质有关,同时与形成铝土矿的风化母岩也有关。

Li 在黏土矿中得到了较大的聚集,一般高于维氏值 3 ~ 8 倍。

6.6　黏(铝)土矿的矿石类型

6.6.1　以结构构造划分的矿石自然类型

根据本区黏(铝)土矿矿石的原生、次生结构构造以及其他宏观微观特征,可将矿石划分为下述七种自然类型。

(1)豆鲕状铝土矿:灰、灰白、灰黑色,豆鲕状,线粒状结构,块状构造,硬度大,参差状断口。矿石由豆鲕粒和胶结物两部分组成。豆鲕含量多寡有异,一般在 45% ~ 70%。豆鲕粒的外壳或核心,主要由泥晶—水硬铝石组成,高岭石、水云母、叶蜡石和极少量的褐铁矿、磁铁矿等多组成豆鲕粒的次外壳或核心,豆粒直径在 2 ~ 4 mm,呈浑圆状或不规则状,同心层 1 ~ 2 层,个别包鲕 1 ~ 3 粒,部分风化后呈白点状;鲕粒直径 0.3 ~ 2 mm,呈圆形、扁圆形,同心层发育,一般 2 ~ 4 层,个别多达 6 层。豆鲕粒杂乱堆积,半定向分布,并有少量的铝土矿碎屑混入,局部含铝土矿砾石。胶结物占 30% ~ 55%,主要由一水硬铝石、高岭石和水云母组成,次为绿泥石、氢氧化铁和少量的有机质。豆鲕粒与胶结物界限清楚,呈孔隙式或基底式胶结。铝硅比值平均为 8.4,多属中品级矿石。

(2)碎屑状铝土矿:灰、深灰色、灰黄色,碎屑状结构,块状构造,硬度大,参差状断口。矿石由碎屑和胶结物两部分组成。碎屑占 35% ~ 70%。直径在 0.18 ~ 5 mm,大者达 15 ~ 20 mm,少数为粉砂屑。碎屑多具棱角、次棱角及浑圆状、泥条状,并和少量的豆鲕粒一起杂乱堆积,胶结物占 30% ~ 65%,呈隐晶泥状充填于碎屑物的间隙中。矿石成分主要由一水硬铝石和水云母组成,其次为褐铁矿、叶蜡石和少量有机质等。碎屑物与胶结物接触清楚,呈孔隙式或基底式胶结。铝硅比值平均为 6.6,多属中品级矿石。

(3)致密状铝土矿:灰、深灰、灰红色,隐晶泥质结构、微粒结构,块状构造。致密坚硬,贝壳状断口,土状光泽。主要由泥晶一水硬铝石和水云母组成,其次为高岭石、褐铁矿、绿泥石和少量的有机质、氢氧化铁等。个别矿石多含方解石晶体,多呈星点状、团粒状分布,纹层理发育。矿石品位变化大,铝硅比值平均 6.5,属中-低品级矿石。

(4)薄层状铝土矿:灰、深灰色,豆鲕状结构,薄层状构造。矿石固结差,断口粗糙,层厚 1 ~ 3 cm,豆鲕粒多呈扁豆体,平行定向排列,层理清楚,主要成分为一水硬铝石和高岭石、水云母、叶蜡石以及少量的赤(褐)铁矿等。铝硅比值平均 33,属典型低品级矿石。

(5)砾状铝土矿:灰褐色、黄灰色,胶状结构,砾状构造。矿石主要由砾石和胶结物组成。砾石占 25% 以上,主要由水铝石组成。砾径一般大于 5 mm,最大者可达 10 ~ 20 cm,呈压扁状、肾状、鹅卵形状,表面光滑,定向排列。核心不明显,有时包有豆鲕体,胶结物为铝土矿碎屑、豆鲕和凝胶体,矿石成分主要为一水硬铝石和高岭土,次为水云母、叶蜡石等。铝硅比值平均 10.3,此类型极少见。

(6)土状铝土矿:土黄色,染手。微粒结构,疏松构造。发育海绵状微孔,硬度小,手捻即碎,断口粗糙,酷像"砂岩"。吸水性强,矿石成分单一,主要由一水硬铝石组成,部分含有少量的高岭石、褐铁矿等。铝硅比值平均为 10.5,属典型高品级矿石。

(7)多孔状(蜂窝状)铝土矿:灰白、灰红、灰黄色,微粒结构,碎屑豆鲕状结构,次生多孔状构造。硬度小,孔隙大,断口粗糙,呈蜂窝状,孔径大小在 1 ~ 5 mm,呈不规则状,拉长状,一般无充填物,部分见有板钛矿、高岭石、氢氧化铁残留物和金红石晶簇,其壁多为铁质。矿石主要由一水硬铝石组成,另有少量的高岭石、褐铁矿等。品位稳定,铝硅比值平均为21.9,属典型高铝、低硅、高铝硅比值富矿石。

上述各类型矿石化学组分平均含量见表6-3,其主要组分变化曲线见图6-1。

表6-3　各类型矿石化学组分平均含量

矿石类型	主要组分(%)				次要组分(%)					烧失量	铝硅比值
	Al_2O_3	SiO_2	Fe_2O_3	TiO_2	CaO	MgO	K_2O	Na_2O	S		
豆鲕状	70.66	8.46	1.91	3.28	0.21	0.27	1.35	0.08	0.074	13.17	8.4
碎屑状	68.32	10.43	2.09	3.24	0.34	0.37	0.23	0.08	0.056	13.25	6.6
致密块状	66.04	10.24	2.25	2.84	0.32	0.22	0.90	0.09	0.070	13.18	6.5
薄层状	59.45	17.84	3.35	2.57	0.48	0.41	0.29	0.11	0.071	13.55	3.3
砾状	71.92	6.97	1.79	2.76	0.17	0.18	0.53	0.10	0.040	12.71	10.3
土状	71.00	6.75	2.51	3.18	0.69	0.16	0.04	0.08	0.050	14.65	10.5
多孔状	74.79	3.41	2.43	3.55	0.23	0.14	0.14	0.11	0.080	14.12	21.9

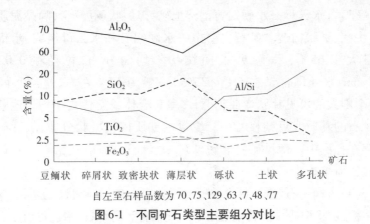

自左至右样品数为70、75、129、63、7、48、77

图6-1　不同矿石类型主要组分对比

6.6.2　以矿物组合划分的矿石工业类型

根据对铝土矿所做岩矿、差热、X光和化学全分析的资料的对比,按其主要、次要矿物的含量变化和化学成分差异,划分出下述6种工业类型矿石。

(1)一水硬铝石型铝土矿:豆鲕状、土状结构,块状、多孔状构造。主要由单一的一水硬铝石组成,水铝石淡褐色,呈薄板状、柱粒状,紧密镶嵌,分布无规律,晶体直径在0.007～0.08 mm,另有极少量的高岭石、叶蜡石和尘状有机质,充填在水铝石的间隙中。微量矿物有锆石、金红石、锐钛矿、菱铁矿、电气石、绿帘石等。铝硅比值平均为22.7,大部分具土状、多孔状和个别豆鲕状结构的矿石属此类型。

(2)含高岭石一水硬铝石型铝土矿:微粒状、碎屑状、豆鲕状结构,块状、带状构造。矿石主要由一水硬铝石和高岭石组成。水铝石含量在55%～75%,呈隐晶－显微粒状、叶片状,定向分布,部分粒径达0.07 mm;高岭石含量在5%～30%,一般为15%,呈细小鳞片状、蠕虫状集合体,不均匀地分布在水铝石颗粒间隙中或组成豆鲕的核心。少量矿物为板钛矿、叶蜡石和尘状有机质。微量矿物有金红石、锐钛矿、锆石、电气石等。铝硅比值平均为6.3,致密块状、豆鲕状矿石多属此类。

(3)含水云母一水硬铝石型铝土矿:碎屑状、豆鲕状,隐晶泥质结构,块状、页状构造。矿石主要由一水硬铝石和水云母组成,水铝石含量大于65%,呈薄板状、团粒状不均匀分布,粒径在0.02～0.7 mm;水云母含量在5%～35%,一般为17%左右,呈细小鳞片状,个别大的可见片状弯曲轮廓,多呈集合体或交代式不均匀地散布在矿石的基质或豆鲕核心中。少量的铁质以侵染状分布;板钛矿多赋存在孔洞中。微量矿物有锐钛矿、金红石、电气石、锆石、榍石等。铝硅比值平均为4.0。

(4)含高岭石、水云母一水硬铝石型铝土矿:微粒状、豆鲕状、碎屑状结构,块状构造。矿石主要由一水硬铝石和高岭石、水云母组成。水铝石含量在60%以上,呈微粒状、板条状,粒径在0.06 mm左右,杂乱分布;高岭石和水云母含量在5%～40%,一般为20%,两者含量不稳定,有时以高岭石为主,有时亦以水云母为主,均呈细小鳞片状集合体,与水铝石交积在一起不均匀地分布在基质或豆鲕碎屑中。次为叶蜡石和少量的铁质、有机质等。微量矿物有金红石、电气石、锆石、板钛矿等。铝硅比值平均为4.6。

(5)含褐铁矿一水硬铝石型铝土矿:豆鲕状、碎屑、微粒状结构,块状、多孔构造。矿石主要由一水硬铝石和褐铁矿组成,水铝石含量在75%以上,呈粒状、薄片状,粒径在0.6 mm左右,分布无规律,褐铁矿含量在15%左右,呈细小的半自形－他形晶粒,以细脉状、侵染状聚集,不规则状分布在水铝石的颗粒间隙中或绿泥石集合体中。高岭石、水云母、叶蜡石呈不均匀分布。微量矿物有金红石、锆石等。铝硅比值平均为6.1。

(6)含黄铁矿一水硬铝石型铝土矿:凝聚结构、碎屑结构,块状、层状构造。矿石主要由一水硬铝石和黄铁矿组成。水铝石含量在70%以上,呈粒状、柱粒状,直径0.01~0.05 mm,部分晶粒较细,颜色棕褐色,呈不规则状、斑点状;黄铁矿含量在10%左右,呈单粒聚晶或团粒状不均匀地分布在水铝石集合体中,粒径在0.04~0.15 cm。次为绿泥石,含量在5%左右,呈细鳞片状或团粒状,与细粒黄铁矿不均匀地分布在水铝石的集合体中。少量的高岭石、水云母呈细小鳞片状星散分布。微量矿物有磷灰石、电气石、磁铁矿等。铝硅比值平均为3.2。此类型由于硫含量高,目前工业上尚难利用。

上述各工业类型矿石的化学组分见表6-4。

表6-4 不同工业类型矿石主要化学组分含量

工业类型矿石	主要化学组分平均含量(%)				铝硅比值
	Al_2O_3	SiO_2	Fe_2O_3	TiO_2	
一水硬铝石	76.18	3.36	1.60	3.45	22.7
含高岭石一水硬铝石	66.64	10.64	1.82	3.05	6.3
含水云母一水硬铝石	62.74	15.78	2.33	3.18	4.0
含高岭石、水云母一水硬铝石	63.58	13.84	2.64	2.75	4.6
含褐铁矿一水硬铝石	51.78	8.52	17.44	2.59	6.1
含黄铁矿一水硬铝石	55.65	17.20	7.30	2.51	3.2

6.6.3 各类矿石的分布特征

6.6.3.1 不同类型矿石在沉积剖面上的分布特征

根据对河南省含铝岩系的观察统计和分析对比,不同类型的矿石在沉积剖面中的分布亦有一定的规律可循。

豆鲕状、碎屑状矿石在剖面上常常共生,前者在下,后者在上,界限不清,呈过渡关系,分布普遍,可以说,只要有铝土矿层,这两种类型均能见到,并多构成主矿层。以透镜状矿体为主,兼有似层状,往往中间夹1~2层块状或蜂窝状矿石,可分为2~3层,厚度变化在2~7 m,多为3 m左右。层位稳定,常存在沉积剖面的上部,其直接顶底板常为黏(铝)土岩,界限清楚,矿石多为灰色,深部有时为黑色。

致密状与薄层状矿石分布较普遍。前者常为其他类型的夹层,单独形成矿层者多赋存在沉积剖面的上部或底部,厚度变化在0.8~3 m;后者常赋存于沉积剖面似层状矿体的顶部,一般不单独形成矿体,其厚度与主矿体厚度呈反比,即主矿体厚度大,该层变薄或无,反之变厚,变化范围在0~2 m,二者常构成层状、似层状矿体,颜色较杂,有灰、灰红、灰黄、黑等色。

土状与蜂窝状矿石分布不普遍,多出现在沉积剖面的上部,其形态、厚度受古岩溶和沉积厚度的制约,在桶状溶洞中和大厚度剖面中多形成透镜状矿体,厚度在9~13 m,在大的岩溶洼地中则以似层状产出,厚度为2 m左右。土状矿石呈灰、灰黄色,与致密块状呈过渡关系。

砾状矿石局部分布,规模小,厚度薄,多见于矿层的底部。

总之,各类矿石在沉积剖面的分布从下到上大致为:砾状→豆鲕状(多孔状)→碎屑状→致密块状(土状)→薄层状矿石。

6.6.3.2 不同类型矿石在不同地区的特征

河南省豫北地区G层铝土矿矿石类型较全,赋存层位稳定,均在含铝岩系的中上部,底部少见。但其在不同地区的分布特征并非完全相同,通过地表观察和深部勘探表明,在各区矿石中均以豆鲕状、碎屑状类型为主,占总矿量的60%左右,二者呈过渡关系,前者大于后者,多组成大小不等的透镜体,沿走向断续交错分布。致密块状、薄层状占矿量的 30%,两者产状稳定,多为层状、似层状矿体。蜂窝状、土状及砾状矿石占总矿量的 10% 左右。总之,不论任何矿带或矿点的矿石类型均不单一,仅是所占比例大小不同而已。详见表 6-5。

表 6-5　不同矿区不同类型矿石比例　　　　　　（%）

矿区	豆鲕状	碎屑状	致密块状	薄层状	砾状	土状	蜂窝状
济源下冶	36.4	15.0	27.0	12.3	1	2.7	5.5
焦作上刘庄	29.0	28.0	35.0	4	1	1	2.0
沁阳盆摇	36.2	2.1	40.0	3		13.8	3.2

第7章　豫北地区黏(铝)土矿床的矿物成分研究

7.1　黏(铝)土矿床的矿物组成及特征

7.1.1　矿物组成

黏(铝)土矿床的矿物组成主要为高岭石、水云母、叶蜡石、一水铝石,其次为绢云母、白云母、绿泥石、黑云母,微量矿物有电气石、金红石、锆英石、榍石、白钛石、磷灰石、赤铁矿、褐铁矿、磁铁矿、黄铁矿、方解石、绿帘石等。

高铝黏土矿主要由一水硬铝石、高岭石、叶蜡石组成。一水硬铝石构成鲕体或大小均匀的细粒分布,叶蜡石呈鳞片状分布于一水硬铝石晶体间。少量水云母、绢云母、铁泥质。微量矿物有褐铁矿、赤铁矿、榍石、白钛石、电气石、金红石、锆英石、云母等。

硬质黏土矿主要由高岭石、水云母、叶蜡石、水铝石组成。高岭石呈显微–隐晶质鳞片状。微量矿物有榍石、电气石、金红石、磷灰石、石英、方解石、赤铁矿、褐铁矿。

软质黏土矿主要由高岭石组成,呈鳞片状分布,高岭石经差热分析,吸热谷 $570 \sim 610 \, ℃$,放热峰 $980 \sim 1\,005 \, ℃$。次要的有水云母,呈鳞片状集合体,定向排列。叶蜡石为小鳞片状分布在水云母集合体间。微量矿物有金红石、白云母、石英、电气石、锆石、长石、榍石、磷灰石。

7.1.2　物性特征

LOSS(烧失量):$10.38\% \sim 13.87\%$,一般 $12\% \sim 13\%$。

耐火度:高铝黏土 $1\,750 \sim 1\,830 \, ℃$,硬质黏土 $1\,670 \sim 1\,770 \, ℃$,软质黏土 $1\,640 \sim 1\,730 \, ℃$,可塑性 $8.23 \sim 13.69$。

7.1.3 矿石品级

高铝黏土多为Ⅲ级品;硬质黏土多为Ⅰ级、Ⅱ级品;软质黏土多为Ⅰ级品,质量较好。

此外,二叠系中含有一层硬质黏土矿,焙烧后白度较高,俗称"焦宝石",是很有价值的黏土矿。

7.2 黏(铝)土矿物质成分

7.2.1 矿物种类及形态特征

豫北地区黏(铝)土矿经偏光显微镜、双目显微镜、物相分析、差热分析、X光分析及电镜等分析鉴定,其矿物组分如表7-1所示。

表7-1 豫北地区黏(铝)土矿矿物组分

主要矿物	次要矿物	少量及微量矿物
一水硬铝石	高岭石、水云母、叶蜡石、黄铁矿、菱铁矿、赤铁矿、褐铁矿、绿泥石	多水高岭石、蒙脱石、金红石、锆石、锐钛矿、板钛矿、电气石、绢云母、方解石、勃姆矿、三水铝石、榍石、炭石、石英、磁铁矿、钛镁矿、方铅矿、绿帘石等。

差热分析和X光分析是判别铝土矿及黏土岩矿物组分的重要参考数据。经差热分析及X光分析,铝土矿的主要矿物成分为一水硬铝石,部分矿石含有高岭石、水云母、叶蜡石、绿泥石、菱铁矿等少量矿物。含铝岩系中黏土岩的主要矿物成分是水云母或(和)高岭石,并含不等的一水硬铝石、叶蜡石和绿泥石等。铝质黏土岩的矿物成分介于铝土矿和黏土岩之间。

几种主要矿物的差热曲线特征表现为:

一水硬铝石:560～590 ℃吸热谷,很明显或极明显。

水云母:三个吸热谷,110～120 ℃,微弱;540～615 ℃,明显;910～953 ℃,微弱。

高岭石:600～615 ℃吸热谷,极明显;930～950 ℃放热峰,很明显或极明显。

叶蜡石:脱水缓慢,500~800 ℃吸热谷,微弱或明显。

绿泥石:650 ℃和800 ℃吸热谷,微弱。

菱铁矿:640~660 ℃放热峰,微弱。

针铁矿:310 ℃吸热谷,微弱或明显。

7.2.2 矿物成分的变化特征

不同的矿石类型具有不同的矿物组合。块状、多孔状、土状及豆鲕状铝土矿矿物成分较单一,以一水硬铝石为主;薄层状和碎屑状铝土矿含有较多的水云母、高岭石、叶蜡石及绿泥石等黏土矿物。矿物成分含量与化学成分含量是相一致的,铝硅比高的矿石含较多的一水硬铝石,铝硅比低的矿石含较多的黏土矿物;含铁高的矿石含较多的赤、褐铁矿;含钛高的矿石含较多的金红石、锐钛矿和板钛矿。

就含铝岩系来说,一水硬铝石主要集中在中、上部铝土矿及铝质黏土岩中,黏土矿物主要集中在顶部和下部。铁矿物和黄铁矿主要集中在下部,浅部多为赤铁矿、褐铁矿,深部多为黄铁矿和菱铁矿,野外和镜下常见褐铁矿呈黄铁矿假象,赤铁矿鲕粒与菱铁矿鲕粒在外形和分布特征上十分近似,这些都说明褐铁矿和部分赤铁矿是由黄铁矿和菱铁矿变来的。

7.3 矿石的矿物成分及赋存状态

矿石的矿物成分主要为一水硬铝石,其次为以高岭石、伊利石、水云母、绢云母为主的黏土矿物及铁质、泥质等。

一水硬铝石:为矿石中的有益组分,含量为65%~95%,呈鲕粒状、豆状、粒状、碎屑状出现,并有部分鳞片状一水硬铝石以填隙物充填在豆、鲕粒之间。

黏土矿物:黏土矿物以高岭土及水云母、绢云母为主,呈细小鳞片状、纤状分布于豆鲕粒的核心或与一水硬铝石混合在一起组成鲕粒、豆粒的环带,颗粒间的充填物中也有黏土矿物,偶尔见有鲕粒状,含量5%~30%。

铁质及泥质:多以填隙物的方式出现,在颗粒核部或环带结构中亦见到,含量为2%~10%。

第 8 章　豫北地区黏(铝)土矿的控矿因素及成矿模式

8.1　控制黏(铝)土矿形成和富集的主要因素

　　豫北地区黏(铝)土矿的形成经历了原生富集、成岩蚀变和表生富集等若干阶段,这些阶段对铝土矿的形成和富集都起重要的作用。为了客观地、定量地了解和评价这些阶段对铝土矿的控制与影响程度,我们对济源下冶、焦作上刘庄、沁阳盆摇的全部钻孔资料进行了重点分析。以含矿岩系厚度代表原生成矿条件(古风化壳和岩溶地形的发育程度),以铝土矿厚度、富矿厚度、工程平均品位代表铝土矿的形成和富集程度,以顶板埋深和基岩盖层厚度代表成岩蚀变和表生富集的影响。

8.2　矿层厚度的影响因素

8.2.1　含矿岩系厚度

　　与黏(铝)土矿层厚度关系最为密切的因素为含矿岩系厚度,二者为较高的正相关。相关系数为 0.38 ~ 0.76,平均 0.49,这一数据表明由岩溶古地形决定的含矿岩系厚度(原生成矿作用)乃是铝土矿形成的最主要控制因素。含矿岩系厚度(岩溶负地形深度)越大,形成的铝土矿越厚。代表表生富集作用影响的顶板埋深和基岩盖层厚度与铝土矿厚度则基本显示弱的负相关关系。这种弱的负相关性反映了两个部分:一部分是与矿层厚度密切正相关的含矿岩系厚度与埋藏深度有弱的负相关,因此铝土矿层厚度必然也与埋深有弱的负相关。其次才是表生富集作用对矿层厚度的影响,这种影响看来是有限的。至于矿层顶板埋深和基底盖层厚度与铝土矿层厚度显示的十分一致的弱的负相关性则表明,新生界及前新生界以来的表生富集作用为一个统一的过程,没有明显的阶段差异。

8.2.2　富集程度

富矿层厚度(以铝硅比≥6 为边界圈定)和工程平均品位两项指标可以代表铝土矿层的富集程度。

8.2.2.1　富矿层厚度

富矿层厚度与铝土矿层厚度和含矿岩系厚度均显示了较高的正相关。相关系数分别为 0.85 ~ 0.95(平均 0.90)和 0.25 ~ 0.70(平均 0.37);而与顶板埋深和基岩盖层厚度显示弱的负相关。这些数据表明富矿层厚度主要受原生富集因素控制,表生富集作用对富矿厚度的影响是次要的。

8.2.2.2　工程平均品位

工程平均品位与富矿厚度的变化非常一致。二者本身的相关系数为 0.53 ~ 0.75,平均 0.59,与铝土矿厚度和含矿岩系厚度显示较高的正相关,相关系数分别为 0.49 ~ 0.70(平均 0.58)和 0.22 ~ 0.58(平均 0.28),与顶板埋深显示弱的负相关或不明显相关;如方山矿区为 -0.37 和 -0.34,夹沟矿区为 0.07 和 0.05,大冶矿区为 0.04 和 -0.02,平均为 -0.10 和 -0.13。这些数据表明,工程平均品位也主要受原生成矿条件控制,而表生富集的影响是次要的。

8.3　岩溶古地形及其控矿作用

河南省豫北地区本溪组含矿岩系下伏岩溶古地形对黏(铝)土矿的分布起着严格的控制作用(见图 8-1),研究并阐明其分布和控矿规律,对了解铝土矿的富集机制和找矿工作都有重要意义。但由于该古地形为埋藏的古地形,且普遍遭受了不同程度的构造变动,因此研究难度较大。目前国内外尚无成功的先例,我们也仅仅作了一些肤浅的探索。

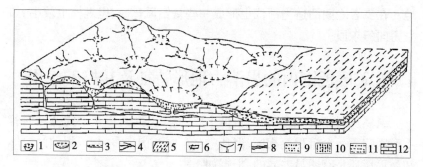

1.溶斗;2.溶洼;3.溶盆;4.水系;5.水体;6.海侵方向;

7.溶水洞;8.暗河;9.富铝风化壳;10.风化壳堆积物;

11.风化壳沉积物;12.碳酸盐岩

图 8-1　豫北地区本溪组黏(铝)土矿成矿期岩溶古地形模式图

8.4　区域古地形格局及其控矿作用

区域古地形格局对成矿的控制主要表现在坳陷的规模对成矿作用强度的控制上,铝土矿均分布于坳陷的边缘,坳陷规模越大,其边缘矿带的规模也越大。如沁阳—开封坳陷为巨型华北坳陷的南缘部分,其边缘地带已探明储量达 23 925 万 t,位居各坳陷之首,且矿床以大型为主。而宜阳坳陷和登密坳陷为狭小坳陷,成矿条件差,仅分布着一些中小型矿床,总储量不大。其他如渑池坳陷和临襄坳陷规模中等,其边缘也分布着一些中大型矿床。坳陷的规模之所以控制了铝土矿成矿作用的强度,可能和坳陷内的成矿期古地形特点有关。宽阔的大型坳陷内空间广阔,岩溶地形分异明显,从隆起的硅酸盐岩高地向坳陷中心岩溶平原之间的丘陵过渡地带宽阔,而这一地带正是富铝风化壳发育的有利地带。狭小的坳陷内由于两侧隆起的限制,内部空间有限,如中心部分位置较低,则由硅酸盐岩高地向中央低地的过渡就剧烈而狭窄,有利于富铝风化壳发育的丘陵地带发育有限,矿带的规模小而狭窄,如登密坳陷的西段。如果坳陷内地形总体较高,潜水面较低,则以垂向侵蚀作用为主,受构造线的控制,发育一系列重复出现的岩溶长坦和其间的谷地。在二者之间的适当部位也形成一些富铝风化壳,但规模也较小,如登密向斜东段。

8.5　矿区范围内的岩溶古地形特征及其控矿作用

虽然从岩相古地理角度,根据主要的相标志,可以把一定范围内若干矿区归入一个沉积亚相区,但从一个矿区范围来看,其沉积的微地形和微环境还是有明显差异的,根据如下:

(1)不同形态矿体的分布规律表明铝土矿就位时其高程位置不同。

豫北地区各黏(铝)土矿矿区普遍存在这样一个规律,由矿体露头部分向深部,矿体、含矿岩系以及对应的基底岩溶古地形,都有由变化剧烈到趋于平缓简单的趋势。对于这种现象,笔者认为这是从盆地的边缘向中心地形的原始高程不同所致。因为根据岩溶地形的发育规律,其垂向侵蚀能力和极限均受潜水面所控制:位置越高,其垂向侵蚀能力越强,形成的岩溶负地形越陡越深;位置越低,垂向侵蚀能力越弱,而以侧向侵蚀为主,形成的岩溶地形就越平缓。因此,我们认为,豫北地区各黏(铝)土矿剖面上基底岩溶地形的这种变化,反映了从露头到深部,原始地面高程逐渐降低,底部逐渐接近潜水面,垂向侵蚀作用逐渐减弱而侧面侵蚀作用逐渐增强的结果。至于为什么古今地形和构造格局往往相似,我们认为是构造继承性发展的结果。

(2)深大溶斗及同生岩溶现象。

在豫北地区各个黏(铝)土矿成矿带的浅部和露头地段,存在为数众多的溶斗状矿体,其对应的基底岩溶负地形一般为漏斗状,又是四壁直立如桶,直径和深度相近。据分析,这些溶斗当时分布的位置应在潜水面以上较高地段。这些溶斗中现存的含矿岩系厚度往往达 30 ~ 50 m,比矿区的平均厚度要大得多。由于压实成岩过程中其体积有明显的变化,故未成岩以前的原始厚度(亦即溶斗的深度)就更大。如济源下冶铝土矿区 10 号矿体(见图 8-2)是一个部分剥蚀破坏的溶斗状矿体,现存含矿岩系厚度上有 65 m,推测其压实成岩以前的原始厚度(深

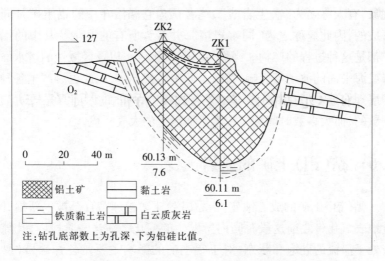

图 8-2 济源下冶坡池 10 号矿体剖面图

度)可能近百米。如此深大的溶斗,就是在构造升降强烈的第四纪也难以看到,在构造作用平缓的中石炭世,如何在大气环境中发育这样一个深大的溶斗(一旦被水淹没,溶斗即停止发育)并长期保持其不被破坏,等待后来海侵以后再接受沉积物充填,实在令人难以想象。一个合理的解释是,在岩溶发育的较早阶段,雏形的溶斗中就有残积 – 堆积的红土物质。在后来的发展中,这个雏形溶斗一边接受四周汇水及其带来的红土物质,一边随着地下水的垂直排泄而继续向下溶蚀,其中已经堆积的红土物质也随之一起下降。这个过程的持续进行,使溶斗得以不断加深。四周汇水所带来的红土物质充填在溶斗中,一方面对溶斗壁起了一种支撑和保护作用而使其不能坍塌破坏;另一方面也增加了新的成矿物质,这可能便是溶斗及其中的铝土矿形成的过程。事实上,所有溶斗中的层理(铝土矿及围岩)都向中心倾斜,并且倾斜的角度上缓下陡,边陡心缓,中心部呈水平状。在溶斗内壁和其中的含矿岩系接触的界面处,存在着一层"贴壁黏土",与溶斗壁平行并与含矿岩系过渡,铝土矿体下伏的黏土层理与溶斗壁平行形成"贴壁黏土","贴壁黏土"和新鲜的奥陶系灰岩之间有一风化灰岩混合黏土的过渡层。这种现象,有人称之为"次生岩溶",笔者认为它和溶斗中的铝土矿是同时形成的,因此应称之为"同生岩溶",并认为所有的溶斗及其中的铝土矿都是这种过程的产物。当然,由于暴雨、洪水以及区域性的潜水面升降或海平面的波动等影响,有时溶斗中也会充水,因此也可产生各种沉积层理构造。但在整体溶斗的发育过程中,冲水的时间只是短暂的或间歇的,而大多数时间则应在潜水面以上的大气环境。

8.6　黏(铝)土矿的成岩蚀变

黏(铝)土矿的成岩蚀变,指黏(铝)土矿被埋藏直至被重新抬升到近地表氧化带之前这段时间内所发生的变化。在这一阶段内,孔隙溶液处于滞流的硅饱和状态,对于铝土矿的影响主要是各种硅质(黏土矿物)的交代作用。由于环境氧化还原条件的变化,还产生了菱铁矿、黄铁矿、方解石等矿物的交代作用。在深埋的压力、温度条件下,原来的铝矿物三水铝石转变为一水硬铝石并有一定程度的重结晶,沉积物的压实脱水和矿物的转化、体积也将产生明显的收缩。在所有的变化中,没有发现脱硅富铝的因素存在,而主要是硅质交代的贫化过程,其中各种矿物成分的变化是最明显和主要的变化。

8.6.1　高岭石化

高岭石($Al_4(Si_4O_{10})(OH)_8$)化是成岩蚀变过程中最广泛、对铝土矿影响最大的一种变化,其实质是硅质溶液对水铝石的加硅蚀变交代作用。这种变化表现有多种形式,常见的是首先在碎屑结构铝土矿的基质内发育,然后沿水铝石碎屑的边缘或裂隙蚕食交代,最后可将整个岩石转化为高岭石黏土岩,而不同程度地保留原来的碎屑、豆鲕假象。高岭石化主要发生在豆鲕、碎屑部位,而基质部分相对较少,外观呈密集的白色斑点状,可能和后期沿裂隙活动的低温硅质热液有关。

高岭石化相对于铝土矿体发生的部位,目前的研究还不够深入。在济源下冶、沁阳等地的采坑壁上,可见到矿体边缘港湾状强高岭石化现象。这种矿体边缘的强高岭石化地段,均伴随着明显的色调变浅

(灰白—白色),而未蚀变的铝土矿则呈灰、黄、褐等较深色调,二者有较为明显的界线。在一些较贫的似层状矿体中,普遍有一定程度的高岭石化现象。从上述情况来看,高岭石化过程好像需要一定"晶种"存在,即在原先高岭石丰富部位,高岭石化容易进行;缺乏高岭石部位,高岭石化不易进行。其结果是,高岭石化对富矿体的影响较小,对贫矿体的影响较大,高岭石化有从矿体边缘向中心发展的趋势。总之,高岭石化现象对铝土矿的贫化是相当普遍的,它使许多铝土矿都降低了品级,并使一部分铝土矿贫化为黏土岩。

8.6.2　叶蜡石化

叶蜡石($Al_4(Si_{18}O_{20})(OH)_4$)在豫北地区中低品位铝土矿中有较大分布。由于该矿物在红土风化壳中少见,因此主要是在沉积以后至成岩蚀变过程中产生的。从结构和成分看,它是高岭石进一步硅化的产物。叶蜡石化常见于较贫的铝土矿或黏土岩中。因此,在由水铝石转化为叶蜡石的过程中,可能存在高岭石的中间环节,也就是说,高岭石更易于叶蜡石化,可能反映了从铝土矿至叶蜡石岩的转化过程。

8.6.3　绿泥石化

绿泥石($(Mg \cdot Fe \cdot Al)_3(OH)_6\{(Mg \cdot Fe \cdot Al)_3[(SiAl)_4O_{10}](OH)_2\}$)在豫北地区中低品位铝土矿中也有一定分布。在豫北焦作—沁阳一带,含矿岩系下部常见绿泥石岩,它是主要和环境有关的一种自生矿物。其次还有伊利石(水云母)、蒙脱石等黏土矿物,也可能(或一部分)是成岩蚀变阶段的自生矿物。但由于粒度细小、成分复杂,研究困难,详细情况不太清楚。总的来说,这些黏土矿物占的比例较小,它们的产生,对铝土矿来说,是一种贫化过程。

8.6.4　方解石化

方解石化有两种形式:一是充填于铝土矿的孔隙、裂隙、裂缝之中,二是局部或整体交代铝土矿的豆鲕、碎屑,形成残余或假象结构。

8.6.5 黄铁矿化

黄铁矿主要分布在含矿岩系的下部,有时可形成工业矿体。在原生带的铝土矿层中,也普遍还有少量星散状黄铁矿。在陕县瓦渣坡铝土矿中,见到黄铁矿强烈交代铝土矿砾石现象。该砾石产于厚层状铝土矿露头,围岩风化强烈。砾石多呈扁平状,表面圆滑,长轴 5 ～ 20 cm。黄铁矿含量高达64%,强烈交代铝土矿,水铝石呈密集星点状残留体,豆鲕均被黄铁矿交代而呈豆鲕假象,有的其中还残留有水铝石的同心圈。该类砾石风化后,呈极为多孔疏松的土状铝土矿,手一触之即成粉末。

方解石化、黄铁矿化以及伴随这些变化可能存在的各类黏土化,对铝土矿均起贫化作用。

8.7 黏(铝)土矿的表生富集

黏(铝)土矿的表生富集,指黏(铝)土矿经历了深埋成岩作用之后,重新又抬升到地表氧化带(流动的潜水带及其以上部分)后所发生的一系列变化。这些变化使黏(铝)土矿品位得以提高,引起人们的注意。近年来,温同想等探讨了它的表现形式、特点、作用范围和机制等。这一阶段与黏(铝)土矿原生富集阶段的化学富集作用有某些相似的地方,都以活动的贫硅地下水为过程的主要营力,但又有内容和方式上的本质不同。其表现主要是方解石、菱铁矿、黄铁矿等矿物的分解、流失以及伴随这些过程产生的酸性介质对黏土矿物的破坏和硅的带出。这一过程使矿石的孔隙度及其渗透能力进一步增大,更有利于地下水道的通过和脱硅作用的进行。本阶段的富集作用,对目前开采利用的工业矿石意义重大。由于这一作用发生于地表和浅部,又是目前勘探开发的主要对象,因此和成岩蚀变相比,了解和认识的程度要高。

8.7.1 表生富集现象和特点

8.7.1.1 结构构造与品位

表生富集作用引起矿石结构、构造和品位的变化,多孔状、蜂窝状、土状矿石是表生富集作用最强、最典型的矿石。其他豆鲕状、碎屑状、块状矿石均可有不同程度的表生富集。不同结构类型矿石的化学成分见表8-1。

表8-1 豫北地区黏(铝)土矿各种结构类型化学成分对比

矿石类型		多孔状、蜂窝状	土状	豆鲕状	碎屑状	块状
济源下冶矿区	Al_2O_3	76.34	73.60	73.56	71.89	72.50
	SiO_2	2.61	4.94	4.76	5.56	7.79
	Fe_2O_3	1.75	1.81	2.72	2.57	1.24
	TiO_2	3.48	3.34	3.32	3.10	3.09
	A/S	29.2	14.9	15.5	12.9	9.3
博爱矿区	Al_2O_3	69.40	67.67	62.23	64.29	54.82
	SiO_2	7.70	9.68	10.11	12.45	13.07
	Fe_2O_3	4.13	3.17	4.85	2.90	14.79
	A/S	9.0	7.0	6.2	5.2	4.2
张老湾矿区	Al_2O_3	67.65	69.05	61.69	56.95	63.57
	SiO_2	6.63	5.07	12.60	13.11	13.15
	Fe_2O_3	6.12	4.71	6.47	10.38	4.12
	TiO_2	3.12	3.07	2.84	2.94	2.84
	A/S	10.2	13.6	4.9	4.3	4.8

8.7.1.2 物理性质与品位

矿石在表生富集过程中物理性质的变化主要是孔隙度的增加、体重的减小以及表面粗糙程度的提高。从济源下冶矿区、博爱矿区、张老湾矿区、洼村矿区矿石体重与品位来看(见图8-3),随着品位(铝硅比)由低到高,矿石平均体重的变化具有相同的规律,均经历了低—高—低的变化:铝硅比在 10～15 的矿石体重最大。铝硅比低于此值时,矿石体重随着品位的提高而增加。铝硅比高于此值时,矿石的体重反而随着品位的提高而减少。这种现象可以解释如下:铝土矿的体重取决于矿物成分的孔隙度,矿石中的脉石矿物主要是黏土矿物,有用矿物主要是一水硬铝石,前者比重小于后者。对于铝硅比 10 以下相对较贫的矿石来说,其脉石矿物占一定比例而孔隙度很低,矿石的体重主要取决于脉石矿物的含量,因此随品位的提高(脉石矿物的减少)而增加。当矿石铝硅比达 10 以上时,其脉石矿物的比例已经很小,矿石的体重主要取决于孔隙度,而孔隙度随矿石品位的提高而增加,故矿石体重随品位的提高而降低。

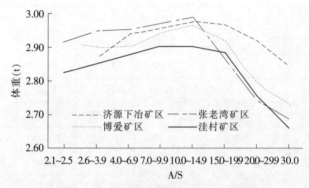

图 8-3　矿石体重与矿石品位相关曲线图

矿石表面粗糙程度的变化主要是由矿物成分比例的变化引起的。黏土矿物多呈细微鳞片状,具滑腻感。而一水硬铝石均呈粒柱状,具粗糙感。因此,随着矿石品位的提高,其断口的粗糙程度也相应增加。粗糙程度是野外鉴别铝土矿及其品位的最主要依据。

8.7.1.3　矿石埋深与品位

几乎所有矿区的勘探实践都表明,矿石品位随深度的增加而降低,当然这种变化不是直线的,而是跳跃波动的。因此,表生富集作用不是现在矿石品位的唯一控制因素。一般来说,深部矿石 SiO_2 和 S 含量偏高,质量变差,最后变为黏土岩。

8.7.2　表生富集作用的机制和影响深度

活动的贫硅地下水是表生富集作用的主要营力。没有水化学反应,含矿岩系中去硅、脱硫、富铝的过程就无法进行。据统计,大部分富矿体位于潜水面以上的氧化淋滤带。在活动地下水的作用下,含矿岩系中首先是方解石、菱铁矿、黄铁矿等易溶、易氧化矿物的分解流失。在黄铁矿氧化过程中形成的硫酸,可在局部地段形成具较强侵蚀性的酸性水,是黏土矿物中的硅和一部分铝较快地溶解带出。由于这个过程发生在表生富集作用的初期,且发生这种作用的矿层中铝占主要地位而硅仅占次要地位,所以少量的铝和硅的一起带出不仅不会使矿层变贫,反而使矿层变富并使孔隙增加和贯通,更加有利于水的通过和去硅富铝作用的进行。由此可以看出,在成岩蚀变过程中使矿石贫化的方解石化、菱铁矿化、黄铁矿化等。在表生富集阶段,由于它们的流失和溶液的侵蚀性而使矿石的孔隙度增加,反而使表生富集作用易于进行。由于中、新生代构造运动的影响,铝土矿成矿区长期缓慢上升。地下水位长期波动于矿层上下并处于流动状态,因而使矿体的表生富集作用得以不断进行。根据资料,表生富集带的下限深度一般在 50 ~ 200 m。矿区不同埋深化学成分对比见表 8-2。

表 8-2　矿区不同埋深化学成分对比

矿区	埋深(m)	化学成分(%)						A/S
		Al_2O_3	SiO_2	Fe_2O_3	TiO_2	S	烧失量	
常平	地表 ~ 150	67.13	11.45	2.08	3.16	0.077	13.18	5.9
	150 ~ 300	61.57	15.42	3.17	2.66	1.67	13.64	4.0
下冶	地表	67.15	8.88	7.46	3.06		13.54	7.6
	40 ~ 120	62.72	12.89	4.42	2.94		13.81	4.9
	120 ~ 170	28.39	36.18	10.95	1.31		15.94	0.8
柏山	地表	66.10	11.26	4.23	3.07			5.9
	地下	61.91	14.23	3.44	2.62			4.4

8.7.3 地形与表生富集作用的关系

一般来说,矿层与地形向同一方向缓倾斜的构造－地形单元,有利于铝土矿的表生富集,是形成富铝土矿的有利地区。河南省已经勘探成型的矿区,绝大多数属于这种构造－地形类型。矿层倾角小于20°,多在5°~10°。当地层与地形倾向相反时,矿层倾向上往往由二叠系地层构成山岭,矿层埋深急剧增大,虽然地表露头矿石质量尚可,但向深部却变差尖灭。

8.7.4 不同矿石类型的表生富集

表生富集作用对矿石类型的影响是不同的。如溶斗中的矿石(豆鲕状、碎屑状、块状)常形成蜂窝状、土状、砂岩状(粗糙状)等典型的表生富集特富矿石;而似层状矿体中的矿石,虽然也同样经历了表生富集作用而暴露于地表,却仍然致密坚硬,变化不大,形不成特富矿石。这种现象表明,地表特富矿石的孔隙,起码有一部分是继承原生阶段的孔隙发育而成的。溶斗中矿石原生阶段的孔隙度就高于似层状矿体。

8.8 黏(铝)土矿的成矿模式

中石炭统本溪组的铝土矿是经过风化剥蚀分异、沉积分异及氧化作用形成的,而此过程又受构造作用所控制(见图8-4)。具体可分三个阶段:

(1)本区自中奥陶世至早下石炭世,地壳运动相对平静,没有剧烈的造山运动,地壳仅缓慢上升,长期剥蚀夷平和准平原化,造就较大范围的平缓地貌,为面型风化壳的形成、发展及物质的聚集和保存创造了条件。

(2)水是风化过程中最积极和活跃的因素,而碳酸盐岩岩性及岩溶又使其具有透水性好的特点,导致风化作用向纵深发展,为形成厚度大的风化壳奠定了基础。

(3)本区石炭系古气候与整个华北海盆区一样,处于热带或亚热

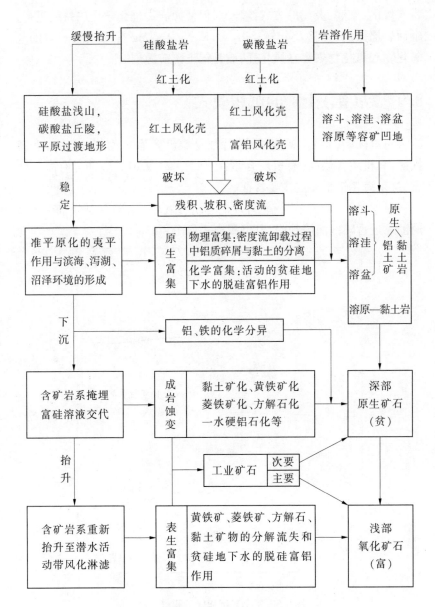

图 8-4　河南豫北地区黏(铝)土矿成矿模式图

带气候区,湿润、炎热的古气候环境,促使源岩物理化学作用持续进行,继而岩屑搬运、迁移及分异,SiO_2 及 K、Na、Ca、Mg 等元素呈难溶的氢氧化物和氧化物聚集在风化壳,成为铝土矿矿源层。

8.9　黏(铝)土矿的沉积模式

对本区黏(铝)土矿来说,其特征是颜色多为灰色,含绿泥石和黄铁矿,有机质含量高(有机质含量在$(0.5 \sim 2) \times 10^{-2}$),并含有海相化石,这是海相铝土矿的主要特征。

根据对黏(铝)土矿沉积环境的分析,黏(铝)土矿主要分布在古岛周围靠近古陆的海滨地带,其沉积模式见图8-5。

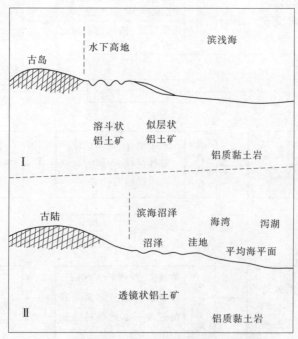

I—近岛铝土矿沉积模式;II—近陆铝土矿沉积模式

图8-5　铝土矿沉积区沉积模式图

从本区黏(铝)土矿的沉积层序、沉积构造,以及镜下岩石结构的研究,铝土矿大多是碎屑颗粒沉积物。就其流体性质而言,它与由波浪、湖汐作用形成的牵引流沉积物有质的差别,是以密度流或泥石流方式搬运到海水或淡化海水的沉积盆地快速沉积的产物。由此可知,在目前已发现的铝土矿沉积之前,在古岛(陆)上就已存在着丰富的铝土矿碎屑物质及风化残积铁铝物质。这些铝土矿物质在季节性洪水的作用下以浊流或泥石流的搬运方式,首先搬运至水下高地,当遇到溶斗时,由于水位上涨,形成密度差异,便首先沉积下来,在没有溶斗的地方则继续向前搬运,越过水下高地,在水下高地与海湾或泻湖之间的斜坡地带快速沉积下来,在古陆边缘则主要沉积在海滨洼地里。这一地带由于距物源区较近,又加之古岛的阻挡(或是较封闭的海湾),波浪和湖汐作用微弱,使快速堆积的铝土矿碎屑物质免遭冲蚀而得以保存。当然其中也有部分细碎屑物质可以运移至海湾、泻湖乃至浅海。然而这部分细碎屑物质由于搬运距离较远,且受到较强水动力作用的改造,与其他黏土矿物混合堆积,而形成了铝质黏土矿。

据苏联Γ·И布申斯基的研究,沉积在碳酸盐岩表面的铝土矿搬运距离比较小,可能为 1~5 km,但最多不超过 10 km。所以距岸较远的一些地区和古岛周围(如中条山古岛和武陟古岛)没有铝土矿的沉积,就可能与其距物源区较远或水动力条件较强有关。

第9章 豫北地区黏(铝)土矿的物质来源及成因探讨

9.1 世界主要黏(铝)土矿床母岩分析

在论证河南豫北地区黏(铝)土矿的物质来源前,先从世界黏(铝)土矿床的实例了解一下什么样的岩石可形成铝土矿是很有必要的。世界铝土矿床目前趋向于划分为三类:①红土型铝土矿床——下伏有铝硅酸盐岩石,铝土矿就是风化的产物;②岩溶型铝土矿床——覆盖在岩溶化的碳酸盐岩侵蚀面上,与基岩呈假整合关系;③齐赫文型铝土矿床——覆盖在不同的铝硅酸盐岩表面,与基岩呈不整合关系。河南豫北地区黏(铝)土矿属岩溶型。

从研究比较清楚的一些世界著名铝土矿床铝土矿母岩来看(见表9-1),既有玄武岩、花岗岩等火成岩,也有砂岩、页岩、灰岩等沉积岩。也有的矿床原岩是两种以上的岩石,既有火成岩又有沉积岩。这些矿床大部分属红土型,部分属岩溶型。

表9-1 世界部分黏(铝)土矿母岩对比

铝土矿床	铝土矿母岩	母岩时代	铝土矿床	铝土矿母岩	母岩时代
美国阿肯色	霞石正长岩	白垩纪	澳大利亚韦帕	海相长石砂岩	第三纪
印度德干	玄武岩	白垩纪	印度尼丹	页岩	三叠纪
印度谢瓦罗伊	紫苏花岗岩	太古代	牙买加凯撒	灰岩	第三纪
苏里兰	长石质沉积岩及碱性岩		希腊		侏罗纪、白垩纪
几内亚	页岩、砂岩、粗玄岩	三叠纪	中国福建漳浦	玄武岩	
马来西亚滨城	页岩、花岗岩	三叠纪	中国广西平果	沉积贫铝土矿	二叠纪

红土型矿床是世界铝土矿的主要类型,研究比较详细。这类矿床是由各种铝硅酸盐岩经红土风化作用原地生成的,如加罗林群岛波纳佩岛玄武岩台地的铝土矿床,表土下是铁质豆石,其下是铝土矿结核,再下是高岭土黏土,底部逐渐变为原岩(玄武岩)。

岩溶型铝土矿床占次要地位,研究程度相对较差,只有少数几个矿床如牙买加凯撒和希腊等可以确定母岩为灰岩。一些近代沉积剖面也证实灰岩是可以提供铝土矿成矿物质的,如所罗门群岛上的拉涅尔岛铝土矿床,铝土矿赋存在上升环礁的珊瑚石灰岩上,环礁分布范围为 $10 \text{ km} \times 80 \text{ km}$,岛的岩溶表面上具有 15 m 深的洼地,溶解石灰岩的残余物形成土壤,充填在喀斯特洼地中,其成分(自地表向下 3 m 深)为:Al_2O_3 50% ,SiO_2 0.2% ,Fe_2O_3 20% ,TiO_2 1.8% ,灼减 29%,属高品位的三水铝石铝土矿。这些实例并不意味着所有岩溶型铝土矿床母岩都是基地碳酸盐岩石,因为这类铝土矿常常由原始风化产物经过一次或多次改造而形成,因此对于某些矿床来说,在铝土矿堆积过程中几种母岩物质以不同百分比同时加入是不可能的。

上述资料说明,凡是含有铝质的岩石,在适宜的地貌、气候和物理化学条件下经过长时期的红土化和再沉积作用,均可形成铝土矿。

9.2   黏(铝)土矿的物质来源

对黏(铝)土矿成矿物质来源的认识,国内外地学界颇有争论,集中有两点:一是成矿物质由附近古陆变质岩基底风化剥蚀搬运而来;二是成矿物质由基底碳酸盐岩的红土风化壳解体、搬运而来。两者各有各的理由,论著不少。笔者仅依据区内及相邻几个矿区资料,提出如下认识,与同行共同探讨。

黏(铝)土矿的物质来源和它的成因是有联系的,而铝土矿的成因又是一个非常复杂、争议最多的问题,有关成因问题我们在后面另有章节探讨。但是有一点是比较肯定的,这就是不论分布在什么时代、什么地层中的铝土矿都经历了两个大的地质—成矿作用阶段:①含铝岩石经风化作用分解为含铝矿物;②含铝矿物经不同方式堆积成岩、成矿。

既然铝土矿是由其他岩石风化变来的,那么它就必然会带有原岩的某些地球化学特征。

关于豫北地区黏(铝)土矿的物质来源问题,目前概括起来有两种主要看法:①来源于古陆硅酸盐岩,包括元古界和太古界的各种古老结晶岩石;②来源于含铝岩系基底碳酸盐岩,包括中奥陶统和部分寒武系、石炭系、白云质灰岩等。

来源于古陆观点的主要依据是:①铝土矿主要分布在古陆边缘;②与碳酸盐岩相比,古陆硅酸盐岩中含有较高的 Al_2O_3,达 13% ~ 20%;③铝土矿中 TiO_2、K_2O 含量较高,只能由含钛、钾高的古陆硅酸盐岩供给,不可能由缺钛、钾的碳酸盐岩提供;④铝土矿中的副矿物锆石、金红石、电气石等由古陆硅酸盐岩供给,不可能由缺钛、钾的碳酸盐岩提供;⑤铝土矿中的副矿物锆石、金红石、电气石等与古陆硅酸盐岩中的副矿物接近,而基底碳酸盐岩中这些副矿物极少。

其依据是:①根据野外地质调查及矿石矿物化学成分鉴定结果,铝土矿的重矿物特征与基底碳酸盐岩相似,而与古陆变质岩有很大差别。②铝土矿与其底部碳酸盐岩的 Al/Ti 值相近,这是因为钛在表生带中十分稳定,当风化时钛像铝一样为残余物质堆积在风化壳中,当风化壳残积物质再运移,沉积形成铝土矿时,钛和铝矿物因颗粒极为细小,不发生机械分异而沉积,矿区铝土矿大都富含 TiO_2,含量一般为 0.54% ~ 3.58%;钛和铝的含量常具线性关系,基于钛的地球化学特征以及与 Al_2O_3 的关系,笔者根据焦作市洼村邻近铝土矿区15 个工程43 件样品分析资料(Al/Ti 三矿区平均值24.49)与秦岭山区铝硅酸盐岩分析资料(Al/Ti 12.83 ~ 139.40,平均59.13)对比(见表9-2),两者相差悬殊,故推断成矿物质来源于基底碳酸盐岩的红土风化壳。③在铝硅酸盐岩发育区,沉积形成红土铝土矿,无论以机械形式搬运,还是以铝元素的化学形式搬运,其搬运距离很短,故成矿物质不可能来自遥远的古陆,而附近的古陆因面积有限,亦不可能提供如此大量物质。因而,笔者认为成矿物质主要来自基底碳酸盐岩的红土风化壳。

表9-2　洼村邻近黏(铝)土矿区和秦岭山区铝硅酸盐岩铝钛比值对比

上刘庄矿区		大洼矿区		洼村矿区		秦岭山区太古界铝硅酸盐岩石			
采样位置	Al/Ti	采样位置	Al/Ti	采样位置	Al/Ti	岩性	Al_2O_3	TiO_2	Al/Ti
TC12	25.61	TC25	21.58	QJ20	24.31	斜长角闪岩	15.52	1.21	12.83
TC13	23.41	TC28	25.36	ZK32	23.87	黑云角闪片麻岩	14.82	0.80	18.53
TC17	27.32	QJ18	27.64	ZK37	26.64	绢云片岩	15.78	0.47	33.57
ZK05	21.36	ZK12	25.32	TC30	28.30	变粒岩	13.70	0.15	91.33
ZK08	22.88	ZK14	22.14	TC35	21.62	黑云花岗岩	13.94	0.10	139.40
Al/Ti（三矿区平均值24.49）						Al/Ti（平均值59.13）			

　　笔者认为豫北地区黏(铝)土矿的成矿物质不是简单地来自古陆硅酸盐岩或基底碳酸盐岩,而是同时来自上述两类岩石的风化物,以基底碳酸盐岩为主。

9.3　从豫北地区黏(铝)土矿的分布特征分析其物质来源

　　首先,从古地理位置看,豫北地区黏(铝)土矿的分布带均位于中条山及太行山古陆古岛周围;其次,黏(铝)土矿体无例外地产于中奥陶统灰岩古侵蚀面上的含铝系上部。由此可以看出,黏(铝)土矿在空间分布上有两个显著特征:一是靠近古海洋的陆地边缘,二是位于灰岩古侵蚀面上。这是两个最主要的缺一不可的成矿古地理条件,它意味着铝土矿的形成不是简单地与基底灰岩或古陆硅酸盐一种岩石有关,而是同时与上述两类岩石有关。

9.4　从含铝岩系地层—岩(矿)石特征分析其物质来源

　　含黏(铝)岩系的一套地层总的特点是下部铁质黏土岩,中上部为铝土矿和铝质黏土岩,顶部为炭质黏土岩。这种剖面特征不仅限于河南豫北地区黏(铝)土矿床,而且还包括河南省大部分矿床。同样,也不仅限于碳酸盐岩侵蚀面上的沉积型铝土矿床,而且还包括某些产于铝硅酸盐岩侵蚀面上的沉积型铝土矿床,这足以说明含铝岩系的这套地层—岩(矿)石组合是古生代含有铝质的岩石风化壳上典型的沉积剖面。

从表9-3可以看出,产于不同岩类侵蚀面上的含铝岩系组合虽基本相同,但也有不同之处。如下伏地层为碳酸盐岩,含铝岩系下部则常

表9-3　产于不同类型岩石侵蚀面上的含铝岩系岩层对比

矿床类型	含铝岩系及围岩性质		矿床实例
产于碳酸盐岩侵蚀面上的沉积型铝土矿床	上覆	石灰岩或砂页岩	河南:张夭院、小关 贵州:林歹、小山坝 山西:克俄、白家庄 山东:丰水
	含铝岩系	黏土页岩、炭质页岩、薄煤	
		铝土矿、黏土矿 铝土矿 黏土矿、铝土矿	
		含铁黏土岩、赤铁矿、黄铁矿、菱铁矿	
	下伏	石灰岩、白云质灰岩、白云岩	
产于铝硅酸盐岩侵蚀面上的沉积型铝土矿	上覆	砂岩、砂页岩、粉砂岩	山东:王村 四川:新华乡 辽宁:小市(B层)
	含铝岩系	黏土岩、半软质黏土、劣煤	
		黏土矿、铝土矿、黏土矿 铝土矿 黏土矿、铝土岩、黏土岩	
		含铁黏土岩、铁矿	
	下伏	砂岩、页岩、玄武岩	

见黄铁矿、菱铁矿;下伏地层为砂岩、页岩、玄武岩,含铝岩系下部则较少见到黄铁矿和菱铁矿。其原因主要是碳酸盐岩中富含硫和二氧化碳,在还原的条件下易形成黄铁矿和菱铁矿;而砂岩、页岩、玄武岩中则缺少这些组分。

含铝岩系顶部的炭质黏土岩或薄煤层厚度达数十厘米,有时直接与铝土矿接触或两者呈渐变过渡关系,在铝土矿层的下部有时也见有炭质黏土层或薄煤层,如济源下冶矿区 ZK4517 的某些钻孔。另外,在少数钻孔中还见有铝土矿层中夹有炭质页岩或薄煤层,如济源邵原 ZK1012 孔两层铝土矿中夹有 2.24 m 厚的炭质页岩,修武黏土矿区 ZK1050 孔黏(铝)土矿中夹有 0.48 m 煤层。铝土矿与炭质页岩或煤层伴生的这一现象说明陆地沼泽环境主要发育在含铝岩系形成时期的中、晚期,也间接地说明岩溶作用主要发育在含铝岩系形成时期的早期。

在许多矿区还见到填充在灰岩溶洞里的铁质黏土岩常贴壁分布(以不同的颜色、纹理和层圈显示出来),说明岩溶表面物质是淋滤作用形成的,应以原地堆积为主,主要来源于基地风化壳。在含铝岩系地层中还常见到铁质、硅质或钙质结核,如博爱柏山黏土矿 ZK03 孔含铝岩系下部 78.40~80.22 m 处见有 1.82 m 含硅质团块黏土岩,团块为不规则溶蚀状,块径 2~6 cm,其化学成分 Al_2O_3 2.15%、SiO_2 82.84%、Fe_2O_3 9.00%、TiO_2 0.11%。相反,在含铝岩系上部常见到的铝质砾石和定向排列的铝质碎屑,在下部却很少见到。与其相对应的是上部含炭黏土岩层理明显,中上部铝土矿和铁质黏土岩有时具层理,下部铁质黏土岩则不显层理。这些现象都说明下部是以原地堆积作用为主,上部以搬运沉积作用为主,同时也说明,下部以基底风化壳风化淋滤物质为主,上部则是由外来物质搬运沉积的。这种外来物质来自附近地区基底碳酸盐岩风化物和部分古陆硅酸盐岩风化物。从铝土矿变化多端的颜色上也反映出它的物质来源不是单一的。

9.5 豫北地区黏(铝)土矿物源区古风化壳的类型及其与黏(铝)土矿的关系

豫北地区黏土矿的成矿物质主要来源于古红土风化壳,这一点现在已基本取得一致看法。但究竟来自硅酸盐岩区(下称古陆),还是来自下伏碳酸盐岩(下称基底),不同的人有不同的看法。持古陆说者的根据是所有铝土矿均围绕古陆分布,古陆上各种岩石的铝含量高,有充分的物质基础,持基底说者则根据铝土矿均分布于碳酸盐岩溶面上,计算的结果也表明基底碳酸盐岩可以提供足够的成矿物质,因此铝土矿来自于下伏碳酸盐岩风化壳。其他方面,如含矿岩系的岩(矿)石特征、主要化学成分、微量元素及其比值、矿物成分(铝矿物、钛矿物、锆石等)的分析则表明,含矿岩系中既有基底的成分,又有古陆的成分。因此,近来一些研究者主张二者均为铝土矿的物质来源,只是有主次之分。笔者赞同这种看法,并认为对整个本溪组来说,古陆硅酸盐岩的物质供应可能起重要作用,但对黏(铝)土矿本身来说,基底碳酸盐岩则可能起重要作用。根据如下:

(1)基底碳酸盐岩是形成铝土矿的有利母岩。

世界范围内的调查表明,无论何种岩石,只要含有一定数量的铝,在有利条件下,均可成为形成铝土矿的母岩。如广西贵县及赤道附近一些礁灰岩岛屿(斐济的劳群岛,新西兰的纽埃岛,所罗门群岛中的瓦盖纳岛、伦内尔岛,新喀里多尼亚的利富岛、马雷岛等)上的第四纪红土型铝矿实例表明:含铝很低的碳酸盐岩,在有利的气候、地形条件下,在相对较短的时间内(几十万至几百万年),即可形成一定厚度的红土型铝土矿。碳酸盐岩不整合面上的岩溶型铝土矿在世界范围内广泛分布。我国南天山中石炭统地槽型岩溶铝土矿,在约200 m厚的地层中,有12个不整合面上铝土矿化,其中有5个具有工业意义。两个含矿层位间的垂直距离为7~25 m。广西贵县的例子也表明,铝土矿只分布在大面积纯碳酸盐岩区,而相同气候条件下的碎屑岩和碳酸盐岩–碎屑岩混合分布区,则无铝土矿形成。这些现象都表明,碳酸盐岩是一种对铝土矿形成十分有利的母岩。

(2)古地形特征上有利于基地碳酸盐岩风化壳发育。

风化壳的发育程度,不仅仅决定于岩性和气候,还在很大程度上决定于地形。即使在有利的气候条件下,如果地形过于平缓,则地下水排泄不畅,不利于风化壳的成熟。地形高差过大,则风化壳剥蚀速度过快,也不利于风化壳的成熟。因此,有利的气候加上适当的地形坡度,是形成成熟风化壳的必要条件。在中奥陶世至中石炭世漫长的沉积阶段,气候湿热多雨,地表以化学风化作用为主。由于碳酸盐岩的抵抗风化能力大大低于硅酸盐岩,即使不考虑构造运动(古陆区多为长期隆起的构造单元),古陆硅酸盐岩区也必将成为相对隆起的高地,基底碳酸盐岩区将成为相对坳陷的岩溶洼地。据研究,河南省基底碳酸盐岩的剥蚀厚度为300~700 m,相邻的古陆硅酸盐岩区必然大大小于这个数值。由此,从硅酸盐岩区向碳酸盐岩区必然构成浅山—丘陵—平原的地貌景观。在碳酸盐岩洼地与硅酸盐岩隆起区的过渡部位,地形起伏适中,为形成富铝风化壳提供了条件。当然,由于中奥陶世—中石炭世期间的构造作用远比现代平缓,因此其地形的反差应比现代广西贵县的例子小,但总体的格局仍然相似。在其硅酸盐岩分布区可能也发育某种不太成熟的红土风化壳(可能属水云母—高岭石阶段),因为豫北地区黏(铝)土矿的成矿物质主要来自附近的碳酸盐岩表面的富铝风化壳,而较下部位广泛分布的以黏土矿、黏土岩为主的本溪组地层,其物质则可能大部分来源于古陆硅酸盐岩区的不太成熟的红土风化壳。

9.6 黏(铝)土矿的成因探讨

根据豫北地区黏(铝)土矿矿床地质特征、成矿模式,并根据成矿物质来源等方面研究,笔者认为含矿岩系的物源主要来自碳酸盐岩的红土风化壳,区内黏(铝)土矿呈似层状,透镜状赋存于碳酸盐岩的红土风化壳之上,在中石炭统本溪组中部铝土岩中富含炭质及植物碎片,矿层厚度,矿石结构、构造及矿体产状的变化均受古岩溶地貌控制。

在中石炭世初期,地壳由稳定趋向活动,本区被海水浸没,成为海滨地带,随着时间的推移,滨海逐渐浸变为湖泊;中石炭世末期,由于湖盆的填平,湖泊逐渐沼泽化,植物茂盛,逐渐形成了还原环境下的富含有机质及植物碎屑物沉积。从整个本溪组地层的岩性组合、矿产共生情况,以及在豫北的博爱、沁阳一带本溪组内采集到的腕足类、腹足类、介形类等海相化石,都证明矿床应属滨海 – 湖沼相沉积。

中石炭世海水入侵,对风化壳进行改造 – 溶解,冲刷、解体,铁铝氧化物以机械悬浮体或胶体溶液形式迁移,搬运到滨海地带,由于地球化学环境、介质及 pH 值改变,铁铝质沉积,当铁质消耗殆尽时,就形成以铝硅为主的铝土矿层。

豫北黏(铝)土矿多呈灰色,含绿泥石和黄铁矿,有机质含量高。豫北黏(铝)土矿区位于太行山、中条山古陆及洛固古陆之间(见图9-1),中奥陶世沉积了巨厚的碳酸盐岩。由于加里东运动的影响,地壳上升为陆地,经历长期的剥蚀,使马家沟组碳酸盐岩发生红土化作用,含量较少的铁、铝质充分富集,形成巨厚风化壳,为中石炭统地层及铝土矿的形成提供了丰富的物质基础,中石炭世初期,地壳长期剥蚀达到准平原化,形成本溪组基底岩溶地貌。沉积在岛前水下高地亚相区的铝土矿主要是溶斗型铝土矿,矿体规模小而品位高,是小而富铝土矿分布区,

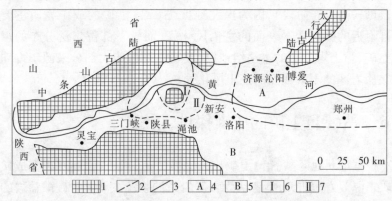

1. 古陆(岛)界限;2. 相区界限;3. 亚相区界限;4. 泻湖 – 海湾沼泽相;

5. 滨海 – 泻湖沼泽相;6. 岛前水下高地亚相;7. 近岛水下扇亚相

图9-1　豫西北石炭系岩相古地理

沉积在近岛水下扇亚相区的铝土矿,呈层状、似层状铝土矿,矿体规模大,品位较高,是寻找铝土矿的主要远景区。

从目前国内外黏(铝)土矿成因理论研究情况来看,均一致认为沉积型铝土矿的成矿物质来源于富铝风化壳。因此,笔者将从古风化壳的发育、分布及其与豫北地区黏(铝)土矿的关系入手,研究黏(铝)土矿在原始层位、成岩蚀变、表生富集阶段发生的种种变化。

第 10 章 豫北地区黏(铝)土矿成矿及富集规律

10.1 控制黏(铝)土矿形成和富集的因素

10.1.1 长期沉积间断是形成铝土矿的先决条件

豫北地区黏(铝)土矿产在碳酸盐岩风化侵蚀面之上的一套铁铝岩系中,严格受沉积间断面的控制,这种特征与省内外大多数铝矿土赋存条件相一致,究其原因,应与形成黏(铝)土矿的必备地质条件(风化剥蚀)相关。

众所周知,黏(铝)土矿的形成是与彻底红土化分不开的,而红土化又是一个极为缓慢的地质作用,需要很长的地质时期才能完成。本区位于华北地台南部,受加里东运动的影响,自中奥陶世末上升为陆,历经晚奥陶世、志留纪、泥盆纪及早石炭世,至中石炭世重新下降,沉积间断约 1.4 亿年,在空间、时间上创造了良好的条件,这样,长期隆起的基底碳酸盐岩及近区古陆的硅铝酸盐岩,在适宜气候条件下,遭到了强烈的风化剥蚀和分解,提供了丰富的成矿性质。特别是稳定的基底碳酸岩(白云质灰岩、石灰岩)适用于钙红土化,形成铝土矿物质积聚的准平原化条件。正是具备了这样的条件,黏(铝)土矿才得以形成和富集。

10.1.2 适宜的古气候和彻底的红土化作用

据古地磁资料可知,自中奥陶世末至中石炭世早期间断的 1 亿多年间,本区处于低纬度地区,大致属亚热带的古气候环境。从基底十分发育的岩溶地貌和含矿剖面中夹炭质页岩或煤,并含大量的植物化石证明,从间断到沉积,其间气候条件无大的变化,均为多雨湿热的气候。正因为有如此适宜的气候条件,长期隆起的碳酸盐岩和古陆硅酸盐岩遭受了漫长的强烈风化剥蚀,原生矿物彻底破坏分解,在地表水的作用下,大部分碱金属及碱土金属(K、Na、Ca、Mg 等)和部分硅被迁移带走,一些难溶的 Al、Fe、Ti 和部分 Si 等在原地残积,形成了富铝、铁、钛的红土风化壳。由于风化壳所处的古地形条件不尽相同,岩性条件也有差异,有的为纯石灰岩,有的为白云质灰岩或白云岩,有的为硅酸盐岩,所以风化壳的发育程度及富铝程度也必然存在差异,在排水条件差、红土化作用不彻底的部分,主要形成高岭石、水云母等黏土矿物的堆积,在排水有利部位,SiO_2 大量流失,红土化作用进行得比较彻底,则形成了以三水铝石为主的铝土矿物。

虽然本区至今未发现原生的风化壳堆积,其原因在于后期遭受破坏,但也绝非无一点痕迹,从各矿区铝土矿中发现:①铝土矿石均具碎屑状结构,碎屑大小不等,形态各异,有砾石、角砾、豆鲕粒等,砾石的砾径 0.5~20 cm,一般为浑圆的球状,表面光滑如卵石,砾石内部同样为碎屑状结构,其成分均为铝土矿物。显然这种砾石是由风化壳中的豆石或结核经短距离搬运的表现。②在各矿区中的矿石中均有部分红色高铁铝土矿石,主要含铁矿物为赤铁矿,Fe_2O_3 含量在 17.74%~42.82%,平均在 26% 左右,埋深不一,从几米至 100 多米深处均可见到,另外红色矿石中,所含砾石亦为红色,这些矿石砾石的颜色和矿物应是红土风化壳的产物。

综上所述,认为本区黏(铝)土矿的铝土物质是在红土风化壳形成的,成矿作用随红土化的发生和发展,后经搬运沉积及次生改造形成现今的铝土矿床(体)。

10.2　矿带及矿床的分布规律

10.2.1　矿带的分布规律

豫北地区黏(铝)土矿的分布受区内古岛和古陆边缘的控制,根据黏(铝)土矿矿床(点)所处地理位置、后期构造破坏以及它们之间的相互关系,豫北黏(铝)土矿集中分布于济源—沁阳—焦作—辉县一带。在东段因受断层破坏,矿层呈长条状分布;西段受沟谷切割,矿层在山顶成为孤立的残留体。

10.2.2 矿床的分布规律

黏(铝)土矿成矿带的分布受古陆、古岛的制约,作为矿带组成的铝土矿床的分布,同样亦受其制约。普查勘探资料表明,各类型矿床均沿古陆、古岛向海一侧或古岛相互交错部位成群产出。本区黏(铝)土矿矿床按矿床特征大致分为两种类型,即由层状、似层状矿体组成的大中型矿床,由似层状、透镜状矿体组成的中型矿床和由透镜状、溶斗状矿体组成的中小型矿床。

10.3 矿体及富矿体的分布规律

10.3.1 矿体的分布规律

黏(铝)土矿矿体的分布与基底喀斯特地貌关系密切,据勘探资料和基底顶面趋势分析,铝土矿体均产在奥陶纪或寒武纪碳酸盐岩表面的洼地、洼坑、溶谷及溶斗中,规模大小不一(见图 10-1),方向不定,平面形态变化大,为椭圆形、葫芦形、枝叉形等,剖面形态有层状、似层状、透镜状、哑铃状、勺状、漏斗状等。

(1)似层状、透镜状矿体:主要分布在太行山古陆南侧。在平面上分布在中小型岩溶洼地半坡和溶坑中,在倾向上矿体呈短豆荚状,其间以薄层矿或铝(黏)土岩、铁质黏土岩相连。

(2)漏斗状、鸡窝状矿体:这类矿体多与似层状、透镜状矿体相间分布,矿体充填于溶斗、溶坑、溶洞中,平面上呈近等轴状、微长状,一般在 50～100 m,厚度 5～30 m,最厚达 57.95 m,平均在 10 m 以上,单矿体面积平均 0.023 km^2,品位极富,Al_2O_3 含量在 70% 以上,Al/Si 在 8

以上。另一特点是这类矿体往往孤立存在于山头或山半坡上,周围为基底碳酸盐岩,与含铝岩系相隔数米至数十米,故称之为"爬坡矿"或"寡蛋矿"。

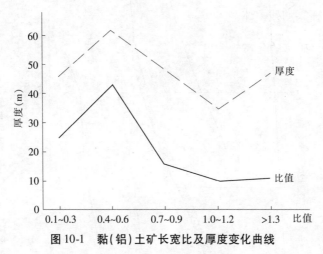

图 10-1　黏(铝)土矿长宽比及厚度变化曲线

本区黏(铝)土矿体大都赋存在侵蚀基准面之上,不同矿区侵蚀基准面标高不同,但矿体赋存的最高标高与最低标高之差总是为 150 m 左右。

此外,矿体的分布与含铝岩系的厚度也有较密切的关系,据统计,铝土矿体一般赋存在厚度大于 5 m 的含铝岩系中,小于 5 m 者一般无矿(见图 10-2)。

10.3.2　矿体及富矿体的分布规律

(1)本区黏(铝)土矿主要赋存在中石炭系本溪组的中下部,严格受含矿层位的控制。矿体位于海进超覆岩系底部、中奥陶系风化侵蚀间断面之上。

(2)黏(铝)土矿含矿岩系的岩性组合,自下而上一般为铁—铝—煤沉积序列,在这个沉积序列中,含矿岩系总是位于含铁岩系与含煤岩系之间。

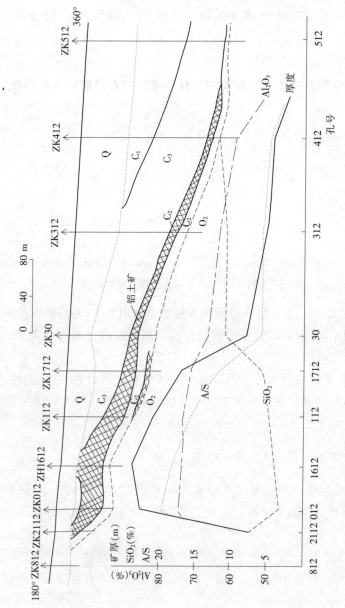

图 10-2　济源下冶坡池 45°线剖面及矿体厚度、品位变化曲线

（3）含矿岩系由下至上，Fe_2O_3 含量由高到低，SiO_2 含量由低到高，Al_2O_3 含量为低—高—低。反映出下部高铁、中部高铝、上部高硅的规律，矿体多赋存在含矿岩系的中下部。济源—辉县间，平面上呈西部高铝、中部和东部高铁高硅。

（4）奥陶系基底岩溶地貌的发育程度控制着含矿岩系的厚度，对矿体的形态、产状和规模都有一定的控制。古地形低凹处含矿岩系厚，矿体也厚，凸起处则反之。基底地形较平坦，矿体多为层状及似层状，岩溶漏斗发育处多为透镜状。

（5）矿体的厚度与含矿岩系的厚度一般呈正相关关系，即含矿岩系厚，矿体也厚。本区含矿岩系厚度大多为 10 ~ 25 m，矿体厚度以 1 ~ 4 m 为主，矿体集中分布于含矿岩系厚 10 ~ 25 m 的地段。

（6）含矿岩系的岩性组合与黏土矿的关系，岩性以黏土岩、含铁质黏土岩为主时，对成矿有利；而铁矿、黄铁矿、砂岩、炭质页岩发育时，铝土矿层变薄或者尖灭。这反映了局部地区沉积环境的差异性。

10.4　本溪组沉积环境演化及铝土矿的富集规律

中石炭统本溪组是本区晚古生界最早的沉积层，是在中奥陶统或上寒武统碳酸盐岩经长期风化剥蚀，具微盐溶化基底上沉积的一套以陆源物质为主的滨海相沉积。由于沉积区内残存着大小不等的岛屿和沉积底盘的不平整，使水体流通受到阻挡，水介质能量不高，波浪作用微弱，潮汐作用不明显，表现为封闭、半封闭的沉积环境，其岩性以黏土岩为主，只在东部、东北部夹有海相灰岩。

在沉积初期，由于西高东低、南高北低的沉积地形，海水自东部、东北部侵入本区，因而东部、东北部水体相对较深，形成泻湖、海湾及海滨沙坝环境，所以在西部、西南部沉积剖面上出现夹煤层（线）或炭质泥岩的现象。

在沉积中期，随着海侵范围的逐渐扩大，全区大部分地区被海水所覆盖，且覆水相对较深，与此同时，堆积在古陆（岛）上的风化铁铝物质及原始沉积在古陆(岛)上凹地里,山坡上或干谷里的铝土矿等铝土物质,在季节性陆表水流的作用下,以密度流的携带方式,由陆地向海搬运。当浊流遇到溶斗或进入海湾时,泻湖的边缘斜坡地带便快速沉积下来。这里由于密度大的流体进入密度小的沉积水体盆地,形成密度差异,必然造成快速沉积。这些快速堆积的铝土碎屑物质,经成岩及表生期铝土矿物的脱水、重结晶、去硅、去铁等物理化学变化,形成了现今的铝土矿层。

在铝土矿的沉积过程中,由于海平面的波动,有时也暴露于水面,所以在铝土矿层面上见有干裂、收缩痕,局部有沼泽形成,铝土矿中夹有炭质泥岩或煤线。

由于地壳的抬升,海平面下降,水体由深变浅,海水沿海侵时的故道退缩,自西向东、自西南向东北先后出现了沼泽化,随着上石炭世的大规模海侵,而结束了中石炭世的沉积。

中石炭世古气候,从其所含植物化石为蕨类、鳞木类,所含动物化石类为温水型,而且在沉积过程中广泛发育泥炭沼泽,说明温暖多雨。从部分地区铝土矿铁质黏土岩中采集的古地磁样品资料来看,当时的河南中部基本位于北纬 12.9° ~ 27.61°(个别为 34°),属热 - 亚热带地区。多雨温热的古气候对基岩的深刻风化和铁铝物质的组成是极为有利的,为铝土矿的沉积提供了丰富的物质基础。据 Γ·И 布申斯基对近代铝土矿的研究,西非含铝土矿地区,年平均气温为 25 ℃ 和 26 ℃,7 月最高气温可达 46 ~ 50 ℃,年降雨量为 1 000 ~ 3 500 mm。

通过对沉积环境、矿体形态、矿物成分、结构、构造的研究,对铝土矿的富积规律得出以下认识:

(1)豫北地区黏(铝)土矿是以海相沉积型铝土矿为主,分布于古岛周围及古陆边缘,形成于岛前水下高地亚相、近岛水下扇亚相和海滨沼泽亚相三种亚环境。

(2)分布于岛前水下高地亚相区的铝土矿主要是溶斗型铝土矿,矿体规模小而品位高。

（3）沉积在近岛水下扇和海滨沼泽亚相的铝土矿,矿体主要为似层状或透镜状,其品位相对较低,但规模较大,其中扇中心(或岩溶洼地)是富而厚的铝土矿体部位。

（4）根据上述规模,在河南省寻找富铝土矿,应在水下高地找溶斗,在水下扇中找扇中,近岛水下扇亚相区是河南省寻找大型富铝土矿的主要远景区。

第11章 豫北地区黏(铝)土矿床实例简介

11.1 沁阳市常坪黏土矿

11.1.1 矿区位置

位于沁阳县城以北 18 km 的常坪村,属沁阳县常坪乡管辖。地理坐标:东经 112°54′40″~112°55′54″,北纬 35°13′30″~35°14′50″。

11.1.2 矿床特征

含矿岩系:为中石炭统本溪组,分上、下两个岩性段。

下段:底部为黄褐色铁质黏土岩,其间夹 1~2 层黏土矿(下矿层),无工业价值;中部为暗绿色绿泥石、铁矿层及绿泥石黏土岩;上部为黏土矿层(中矿层),为主要工业矿层。

上段:下部为砂质页岩、黏土质绿泥石岩,中部为黏土质页岩或斑杂色黏土岩,中夹一层黏土矿(上矿层)。

含矿岩系在纵横向上变化大,最厚 27 m,一般厚度为 15~20 m,东部较薄西部厚,北部较薄南部厚。主要受奥陶系侵蚀面古地形控制,在低洼处沉积厚度大,在隆起部位赋存于本溪组中的黏土矿分上、中、下三层,以中矿层为主,上矿层、下矿层因分布零乱,工业价值不大。本区为一中型矿床。

上矿层:位于含矿岩系上段黏土质页岩中,有两个工业矿体,一个长 250 m,宽 150 m,厚 1~30.50 m;另一个长 200 m,宽 50 m,厚 1.15~2.15 m,均呈透镜状。矿石为半软质黏土矿、硬质黏土矿或高铝黏土矿。

中矿层:为矿区主矿层,分布普遍,矿层连续性好,呈层状,东西长 300~1 250 m,南北宽 1 450 m,最大厚度 15.20 m,一般厚 2~8 m。由于区内为一近东西向的向斜构造,故矿层产状,南部倾向 30°~340°,倾角 3°~10°;北部倾向 160°~180°,倾角 2°~25°。矿石以高铝黏土矿为主,次为硬质黏土矿。

下矿层:产于绿泥石岩之下的黏土质页岩中,无工业价值。

11.1.3　矿石质量及类型

高铝黏土矿:呈灰黑或灰绿色,鲕状、豆状结构,块状构造。矿石主要由一水硬铝石和叶蜡石组成,微量矿物有褐铁矿、黄铁矿、电气石、金红石、锆石、石英、方解石等。

化学成分:Al_2O_3 45.51%~73.91%,TiO_2 2.02%~4.42%,Fe_2O_3 0.97%~1.60%,CaO 0.16%~0.32%,SiO_2 15.26%~35.04%,R_2O 0.12%~0.35%。

耐火度 1 750~1 790 ℃,一般 1 770 ℃。

硬质黏土矿:浅灰或灰绿色,鲕状或泥质结构,块状构造。矿石矿物成分主要以叶蜡石、一水硬铝石为主,次为水云母、方解石、褐铁矿、石英、金红石等。

化学成分:Al_2O_3 37.59%~44.97%,平均 40.41%;TiO_2 1.82%~2.34%,平均 2.12%;Fe_2O_3 1.05%~1.70%,平均 1.39%;CaO 0.30%~0.52%,平均 0.42%;SiO_2 37.0%~44.38%,平均 41.10%;R_2O 0.23%~8.00%,平均 2.59%。

耐火度:1 670~1 750 ℃。

半软质黏土矿:浅灰色,致密块状构造,主要矿物成分为高岭石、白云母,其次为电气石、金红石、赤铁矿、褐铁矿等。

化学成分:Al_2O_3 37.79%~43.82%,平均 37.95%;TiO_2 1.60%~2.76%,平均 1.90%;Fe_2O_3 0.88%~2.52%,平均 1.60%;CaO 0.18%~7.80%,平均 1.21%;SiO_2 37.66%~44.94%,平均 41.52%;R_2O 1.26%~3.74%,平均 2.73%。

耐火度:1 670 ~ 1 710 ℃。

11.1.4　矿石类型

矿石自然类型有致密块状矿石、鲕状或豆状矿石、块状或薄层状矿石、松软土状矿石。

矿石工业类型有高铝黏土矿、硬质黏土矿、半软质黏土矿,以高铝黏土矿为主。

11.2　焦作市西张庄黏土矿(Ⅲ区段)

11.2.1　矿区位置

矿区位于焦作市西北 13 km,属焦作市龙洞乡所辖。地理坐标:东经 $113°05'30'' \sim 113°06'52''$,北纬 $35°14'54'' \sim 35°15'41''$。

11.2.2　矿床特征

含矿岩系:按岩性组合和沉积旋回分上、下两个岩性段。

下段:由铁质黏土岩、褐(赤)铁矿化黏土岩、黄铁矿化黏土岩、薄层砂岩组成。局部见 1 ~ 2 层黏土矿(下矿层)。该段有三层铁矿。

上段:为本区主要含矿层位。由硬质黏土矿、铁矾土、少量软质和高铝黏土矿(上矿层)、铁质黏土岩、含铁黏土岩以及砂岩组成。该段顶部常有炭质页岩和煤线。

含矿岩在横向或纵向上其厚度变化均较大。厚度变化的幅度受奥陶系古地形控制,最厚45.22 m,最薄4.37 m,平均16.94 m。全区含矿岩系西部厚、东部薄。北部以 ZK61 孔、南部以 ZK101 孔为中心厚度明显增大。黏土矿的厚度和含矿岩系的厚度为正相关关系。

11.2.3　矿体(层)形态、产状及规模

本区段为一中型矿床。区内黏土矿分上、下两个矿层。

下矿层位于含矿岩系的下段,规模小,分布零星,工业意义不大,下Ⅰ矿层为小透镜状矿体,与地层产状一致,倾向120°~150°,倾角10°,长100 m,宽100 m,厚1.65 m,以高铝黏土矿为主。

上矿层位于含矿岩系的上段,是主矿层。其中以上Ⅱ矿体规模呈层状或似层状。层位稳定,厚度变化不大。倾向120°~150°,倾角5°~10°,一般为8°。长约2 000 m,平均宽500~800 m,面积0.98 km²,矿体西部厚,向东逐渐变薄,东西两端均有分叉,在南端边缘亦有分叉,北端和中部厚度较大。该矿体最大厚度12.43 m,最薄0.64 m,平均3.16 m。以硬质黏土矿为主,高铝黏土矿零星见及。在该矿体的下部尚分布有上Ⅰ-1、上Ⅰ-2、上Ⅰ-3三个透镜状矿体,长350~500 m,宽112~150 m,平均厚度1.32~3.51 m。矿体倾向120°~150°,倾角5°~12°,以硬质黏土矿为主,少量高铝黏土矿和软质黏土矿。该矿体上部分布三个透镜状和鸡窝状小矿体,即上Ⅲ-1、上Ⅲ-2、上Ⅲ-3,规模小,价值不大,以软质黏土为主。

11.2.4 矿石质量及类型

11.2.4.1 矿石质量

黏土矿:深灰-灰色,泥质显微鳞片结构,鲕状定向构造,主要矿物成分为高岭石、铁泥质、叶蜡石、硬水铝石,少量地开石以及绿泥石、石英,微量矿物有锆石、电气石、黄铁矿、绢云母。

化学成分:Al_2O_3 43.86%~65.16%,TiO_2 0.09%~2.70%,Fe_2O_3 0.50%~2.95%,CaO 0.10%~0.84%,MgO 0.09%~0.70%,SiO_2 19.04%~44.40%,K_2O 0.1%~0.28%,Na_2O 0.05%~0.13%,烧失量10.62%~25.37%,耐火度1 770~1 830 ℃。

硬质黏土矿:深灰-浅灰色,泥质结构,块状构造,主要由显微鳞片状隐晶质叶蜡石、高岭石和泥质组成,有少量水云母和金红石、石英、铁质等。

化学成分:Al_2O_3 28.47%~49.56%,TiO 1.30%~1.32%,Fe_2O_3 0.38%~3.05%,CaO 0.05%~1.37%,MgO 0.07%~1.18%,SiO_2

34.74% ~49.10%，K_2O 0 ~1.29%，Na_2O 0 ~0.50%，烧失量7.95% ~15.23%，耐火度1 635 ~1 800 ℃。

软质黏土矿：灰白色，泥质结构，块状、层状构造。主要由隐晶质水云母、显微鳞片状高岭石组成，微量矿物有白云母、铁质、金红石等。

化学成分：Al_2O_3 23.73% ~37.25%，TiO_2 1.30% ~1.32%，Fe_2O_3 0.66% ~1.73%，CaO 0.21% ~1.21%，MgO 0.16% ~0.31%，SiO_2 66.30%，K_2O 0.30% ~0.40%，Na_2O 0.11% ~0.18%，烧失量5.55% ~14.29%，耐火度1 644 ~1 785 ℃。

11.2.4.2 矿石类型

矿石自然类型有致密块状矿石、鲕状矿石、松软土状矿石。按矿物成分不同，分为高岭石黏土矿石、叶蜡石-高岭石黏土矿石、水云母-高岭石黏土矿石。

工业类型：高铝黏土矿、硬质黏土矿及软质黏土矿，以硬质黏土矿为主。

11.3 济源下冶铝土矿

11.3.1 矿区位置

矿区位于济源市西南部，行政区划隶属济源市下冶乡管辖，其范围东起下孟庄，西至蜘蛛山，北以矾水沟为界，南至白草坪一带。地理坐标：东经112°09′17″ ~112°11′31″，北纬35°00′15″ ~35°02′36″。

11.3.2 矿床特征

11.3.2.1 含矿岩系的分布

矿区含矿岩系为石炭系本溪组。在矿区广泛分布，隐伏于矿区中部、东部的第四系及二叠系覆盖区下，沿沟谷露头连续出现。在矿区西部奥陶系出露区，呈残留体出露，到处可见，点多，分散，规模小，常有小规模较富铝土矿体赋存其中，为当地民采的主要对象。

在白草坪至水洗沟,含矿岩系沿沟谷连续出露,厚度一般 4 ~ 10 m。上覆地层有石炭系上统太原组,二叠系下统山西组、下石盒子组及第四系。

在水洗沟以西地区和南崖头,本溪组出露较连续,呈环状、半环状出露于陡崖顶部变缓部位,地貌上多为缓坡,厚度一般 5 ~ 8 m,赋存于奥陶系灰岩溶蚀坑中的本溪组较厚,可达 30 ~ 50 m。上覆仅有石炭系上统太原组下部和第四系,盖层较薄。

坡池—陶山一带,在大面积裸露的奥陶系灰岩的古岩溶洼斗内有零星的本溪组分布,面积一般 1 500 ~ 4 000 m²,厚度大,一般 25 ~ 50 m。除李家庄地区其上有少量太原组外,其余地区无盖层或仅有少量第四系覆盖。

钻孔 ZK4880、ZK6340、ZK5532 中,该组缺失。

该组总体上较为连续,尤其是底部的铁质黏土页岩,含大量铁质,色彩明显,层位稳定,可以作为矿体底板标志。

11.3.2.2　含矿岩系地质特征

整个本溪组厚度虽然不大,但岩性复杂,自下而上可分为六层。

(1)铁质黏土岩:地表为褐铁矿化或赤铁矿化黏土岩,局部所形成的铁矿体均不可采。深部则为黄铁矿化黏土岩。厚 0.50 ~ 1.00 m。

(2)富铁铝土矿:仅存于古岩溶洼斗内,矿石一般呈土状、多孔状或蜂窝状。

(3)铝土矿及黏土岩:该层是主要含矿层位,层位较稳定,但厚度变化大。颜色杂,以灰色为主,夹杂黄褐、土黄、青灰、灰白色。中、下部一般为豆鲕状结构或微粒凝聚结构,鲕状矿石常呈褐色,其中含铁高;上部为致密状结构,块状构造。该层大多可达到铝土矿工业指标要求,局部为黏土岩或黏土矿,厚 1.00 ~ 7.70 m。

(4)硬质黏土矿:通常为铝土矿的直接顶板,浅灰色,泥质结构,块状构造,是矿区主要黏土矿层,厚 0.50 ~ 4.25 m。

(5)黑色高岭石黏土:呈透镜状分布于局部地段,泥质结构,块状构造,风化后极易破碎,厚 0.50 ~ 1.0 m。

(6)黏土岩、黏土质页岩、炭质页岩,厚 0.30 ~ 1.20 m。

11.3.2.3　厚度变化及与矿层的关系

据现有资料统计,本溪组厚度一般 3 ~ 20 m,最厚大于 50 m,厚度变化大,官洗沟、南崖头局部缺失。该组与铝土矿层关系密切,一般二者呈正相关。含矿岩系与铝土的厚度变化严格受奥陶系中统上马家沟组古岩溶地形的控制。在古侵蚀面的低凹处,即古岩溶洼斗处,含矿岩系厚度大,含矿率高,矿石质量最佳。在古地形的凸起处,含矿岩系变薄,矿层随之变薄,甚至尖灭,矿石质量也较差。铝土矿可以出现于本溪组的上、中、下任何部位。

11.3.3　矿体特征

矿区铝土矿体形态严格受奥陶系古侵蚀面的控制,矿体主要有三种形态:①(似)层状;②透镜状;③洼斗状。矿层的形态与古岩溶侵蚀面关系密切,在古地形为平坦、开阔的岩溶盆地、洼地时,形成(似)层状矿层,厚度稳定,品位一般较低;在奥陶系侵蚀面起伏幅度大的地段,形成洼斗状矿层,中间厚、周边薄,呈明显的"萝卜状",矿体厚大,矿石品位高,但矿体延伸有限;透镜状矿体为似层状矿体与洼斗状矿体的过渡类型。矿区高品位铝土矿矿石均赋存于洼斗中,洼斗状矿体为区内目前经济意义最大的铝土矿类型,也是本次勘查的目标矿体类型。原头矿段南部的矿体为似层状,坡池—陶山一带为洼斗状。

勘查圈定工业矿体 10 个,主要分布于原头南部—官洗沟南部一带,集中连片,规模较大,总体上呈北西西向展布,自西北至东南编号为Ⅰ、Ⅲ、Ⅳ、Ⅶ、Ⅷ、Ⅹ号矿体,其他地区铝土矿体呈孤立洼斗状出现,规模较小,自上至下、自西至东编为Ⅴ、Ⅵ、Ⅸ、Ⅹ号矿体。其中Ⅲ、Ⅶ、Ⅸ、Ⅹ号矿体规模较大,为本次勘查工作的主要矿体。其主要地质特征如下。

Ⅲ号矿体:位于原头村矿段 16 勘探线与 50 勘探线间,被第四系黄土覆盖,地表沟谷中有露头,地表 TC1808 ~ TC13 间矿体连续性较差,但多为厚度较大的高品位铝土矿,TC11、TC12 间矿体厚度较小,但连续性较好。矿体呈单斜产出,倾向 75°,倾角 5°～10°,矿体平面形态不太规则,分为东、西两个部分,西部大致为长方形,北西长约 700 m,南北宽 100～300 m;东部地表沟谷中有露头,地表露头矿体不连续,主要是洼斗状矿体,厚度大,品位高,延伸有限。矿体平面形态不太规则,大致为不规则产状,倾向 70°,倾角 4°～12°,北西长约 400 m,北东向宽约 500 m,南东向展布。钻孔见矿的有 ZK2212、ZK2818、ZK2822、ZK3222、ZK3624、ZK3626、ZK3628、ZK3630、ZK3826 等钻孔,地表施工有 TC1808、TC1607、C3836、TC3840、TC3842、TC4042、TC5226、TC5228、TC5426、TC5630、TC5634、TC5636 探槽,原地质普查工作施工有 TC03、TC11、TC12、TC13、TC01、TC02、TC06 等地表工程。由于地表坟地较多,在此进行钻探工程难度较大,施工钻孔较少,深部矿体控制不足。勘探工作在此矿体施工钻孔 59 个,如 ZK1814、ZK2012、ZK2016、ZK2214、ZK2218、ZK2418、ZK2420、ZK2606、ZK2616、ZK2620、ZK2818A、ZK2819A、ZK2820A、ZK2821A、ZK3019A、ZK3004、ZK3019、ZK3020、ZK3020A、ZK3021、ZK3021A、ZK3022A、ZK3023A、ZK3024、ZK3218、ZK3219、ZK3219A、ZK3221A、ZK3222A、ZK3223、ZK3223A、ZK3226、ZK3230、ZK3223B、ZK3426、ZK3428、ZK3430、ZK3432、ZK3632、ZK3626A、ZK3825、ZK3827、ZK4026A、ZK4027A、ZK4028A、ZK4029A、ZK4030A、ZK4027、ZK4029、ZK4031、ZK4033、ZK4035、ZK4037、ZK3836A、ZK3834A、ZK3826A、ZK3828A、ZK4828A、ZK4830A;未见矿钻孔有 ZK2218、ZK2606、ZK3024、ZK3230、ZK3632、ZK3825、ZK3826A、ZK4026A;并施工探槽 13 条,见矿有 TC3016、CK3016A、TC3418、TC5050A、TC4416、CK4822A、TC4418A、TC4822A、TC5227A,其中 30 勘探线至 32 勘探线间为品位较高、厚度较大的铝土矿,部分地段工程间距已达 25 m×25 m,大部分地段工程间距 50 m×50 m。本次估算资源量 139.6 万 t,其中工业矿体矿石量 113.1 万 t,已采资源量 1.2 万 t,边际经济基础储量 25.3 万 t。据 97 个见矿工程统计,单工程矿体厚度 0.50 m(ZK3221A)～19.28 m(ZK3836A),矿体厚度变化系数 87%,矿体平均厚度 3.80 m。工业矿体矿石平均品位:Al_2O_3 59.71%,SiO_2 13.82%,Fe_2O_3 6.77%,TiO_2 2.40%,S 0.064%。

A/S平均4.3。

矿体覆盖层厚度变化于5.28～50.02 m,平均厚度26.94 m。

矿体顶板高程变化于398.08～471.64 m,底板变化于352.23～430.65 m。

11.3.4　矿石矿物成分、结构及构造

矿石中的矿物成分主要是一水硬铝石,含量为70%～95%,为矿区矿石主要的含铝矿物,其次是高岭石、水云母等黏土矿物及铁质。

矿石自然类型主要为豆鲕状铝土矿、致密状铝土矿,其次有砂岩状铝土矿和土状铝土矿、蜂窝状铝土矿。其中豆鲕状铝土矿是最常见的铝土矿类型,几乎所有探矿工程均可见到,多分布于矿体的上部,砂岩状铝土矿、土状铝土矿、蜂窝状铝土矿品位较高,多分布于豆鲕状铝土矿下面,较为少见。矿石结构主要有致密状、豆鲕状和土状结构,另有极少量矿石呈碎屑状结构。矿石构造简单,均为块状构造、层状构造。

11.3.5　矿石的化学成分及其变化特征

矿石的化学成分主要为 Al_2O_3、SiO_2、Fe_2O_3、TiO_2 等。Al_2O_3 为主要有益组分,SiO_2 为主要有害组分。Al_2O_3 含量40.40%～77.92%,平均60.98%,变化较小,变化系数16%;SiO_2 含量1.76%～26.40%,平均12.44%,变化系数54%;Fe_2O_3 含量0.45%～32.70%,平均6.93%,变化系数97%;TiO_2 含量0.30%～4.45%,平均2.44%,变化系数21%;S含量0.01%～2.19%,平均0.065%,变化系数216%;烧失量变化于9.74%～26.06%,平均13.27%,变化系数14%。A/S变化于2.1～29.5,平均4.9,变化系数87%。

矿区铝土矿 Al_2O_3 和 A/S 一般较高,质量较佳,但 Fe_2O_3 含量也普遍较高,矿石属中铁、低硫、中铝硅比矿石。根据矿石品级标准,矿区矿石平均品级为Ⅴ级。

据统计分析,Al_2O_3 和 SiO_2 存在着负相关关系,在剖面上,矿体中部 Al_2O_3 和 A/S 高,而 SiO_2 较低,上、下部则相反。Fe_2O_3 一般底部高,

中、上部低。TiO_2 变化不大。平面上,矿体厚度与 Al_2O_3 和 A/S 呈正相关,与 SiO_2 呈负相关。即在透镜状矿体中心厚大部位,Al_2O_3 和 A/S 较高,SiO_2 则较低,边部矿体变薄甚至尖灭部位,Al_2O_3 和 A/S 较低,SiO_2 则较高。

11.4　沁阳虎村—张老湾高岭土矿

矿区位于沁阳市北约 15 km,属西万镇和常平乡管辖,西起虎村,东到老马岭,北以甘泉断层为界,南以簸箕掌断层为界,东西长约 8 km,南北宽 0.6 ~ 1 km,面积约 6.5 km^2,地理坐标:东经112°52′30″ ~ 112°57′15″,北纬35°12′30″ ~ 35°13′47″,区内有简易公路与沁阳火车站相连,交通方便。

由于断层作用形成一地堑构造,使矿体得以保存完整。区内出露地层主要为二叠系山西组和下石盒子组,下石盒子组是其含矿岩系,主要为一套富含铝、硅的胶体化学沉积及陆源碎屑沉积。高岭土矿层以下由长石石英砂岩、黏土质砂岩、砂岩、黏土岩等组成,厚 72.76 ~ 79.99 m。高岭土矿层以上由黏土岩、砂岩和黏土质砂岩、粉砂岩、长石石英砂岩、长石砂岩等组成,厚 52.36 ~ 99.84 m。

1989 年,河南省地矿厅第二地质队曾在该区做过初查工作,填制 1∶1万草图 12.81 km^2,施工浅井 4 个,深 19.32 m,探槽 6 个,土石方 194.32 m^3,以及老硐清理、编录等工作,证实本区为一大型陆相湖泊沉积矿床,矿体呈层状,矿厚 0.9 ~ 2.85 m,平均 1.4 m。化学成分 Al_2O_3 36.78% ~ 38.87%,平均 37.49%;TiO_2 0.35% ~ 0.53%,平均 0.49%;Fe_2O_3 0.6% ~ 1.25%,平均 0.93%;SiO_2 43.62% ~ 46.84%,平均 45.90%;烧失量 10.40% ~ 13.70%,平均 12.04%;厚度及化学成分稳定,质量较好,矿石为硬质和半软质两种类型。圈定出 4 个矿体,共求得远景储量 1 263.370 万 t,其中硬质 859.540 万 t,半软质 403.830 万 t。

工作重点是:①对东部Ⅲ、Ⅳ号矿体进行地表工程系统控制;②对全区深部施工稀疏钻孔,控制深部矿体情况,查明矿体空间分布及变化规律;③进行造纸涂布及高岭土选矿试验,为开发利用作准备;④对其伴生矿产进行综合评价。

11.5 博爱县柏山黏土矿

矿区位于博爱县柏山村东坡,东至阎庄以西,北到新司窑,呈一舌形。长约 2 000 m,宽约 800 m,面积 1.6 km²,地理坐标:东经 113°05′13″~113°06′05″,北纬 35°12′50″~35°13′45″,有公路通往柏山火车站,交通方便。

北东、南西出露本溪组地层,厚 4.18~12.06 m,平均厚 7.82 m。北西、南东第四系覆盖,一条东西向断层将矿区切为两段。1987 年,河南省地矿厅第二地质队施工 9 个浅井,初步了解矿体情况,矿层呈层状,矿厚 1.03~6.61 m,平均 2.55 m,矿石类型以硬质为主,少量软质。化学成分,硬质黏土矿 Al_2O_3 35.99%,TiO_2 1.78%,Fe_2O_3 1.80%,CaO 0.66%,MgO 0.79%,SiO_2 43.46%,烧失量 12.15%。软质黏土矿 Al_2O_3 24.75%,TiO_2 1.15%,Fe_2O_3 3.16%,CaO 3.30%,MgO 0.46%,SiO_2 55.56%,烧失量 9.41%。估算远景储量 1 055.000 万 t。

通过详查工作,基本查明矿体形态、产状、规模、矿石质量、空间分布规律、开采技术条件等,为区内耐火黏土矿的需求提供了保证。

11.6 常平黏(铝)土矿区

11.6.1 矿区位置

矿区位于沁阳市北部 18 km 的常平村,属沁阳市常平乡管辖。地理坐标:东经 112°54′40″~112°55′54″,北纬 35°13′30″~35°14′50″。

11.6.2 矿床特征

含矿岩系为中石炭统本溪组,分上、下两个岩性段(见图 11-1)。

下段底部为黄褐色铁质黏土岩,其间夹 1～2 层黏土矿(下矿层),无工业价值;中部为暗绿色绿泥石、铁矿层及含绿泥石黏土岩;上部为黏土矿层(中矿层),为主要工业矿层;上段下部为砂质页岩、黏土质绿泥石岩,中部为黏土质页岩或斑杂色黏土岩,中夹一层黏土矿(上矿层)。

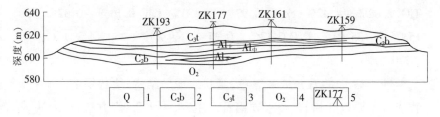

1. 第四系;2. 中石炭统本溪组;3. 上石炭统太原组;4. 中奥陶统;5. 钻孔及编号

图 11-1　常平黏土矿区第三勘探线剖面

含矿岩系在纵横向上变化大,最厚 27 m,一般厚度 15～20 m,东部较西部厚,北部较南部厚。主要受奥陶系侵蚀面古地形控制,在低洼处沉积厚度大,在隆起部位沉积变薄。

11.6.3　矿体(层)形态、产状及规模

赋存于本溪组中的黏土矿分上、中、下三层,以中矿层为主,上矿层和下矿层因分布零乱,工业价值不大。

上矿层位于含矿岩系上段黏土质页岩中,有两个工业矿体,一个长 250 m,宽 150 m,厚 1～3.50 m;另一个长 200 m,宽 50 m,厚 1.15～2.15 m,均呈透镜状。矿石为半软质黏土矿、硬质黏土矿或高铝黏土矿。中矿层为矿区主矿层,分布普遍,矿层连续性好,呈层状,东西长 300～1 250 m,南北宽 1 450 m,最大厚度 15.20 m,一般厚 2～8 m。由于区内为一近东西向的向斜构造,故矿层产状,南部倾向 30°～340°,倾角 3°～10°;北部倾向 160°～180°,倾角 2°～25°。矿石以高铝黏土矿为主,其次为硬质黏土矿。下矿层产于绿泥石岩之下的黏土质页岩中。无工业价值。

11.6.4　矿石质量

高铝黏土矿:呈灰黑色或灰绿色,鲕状、豆状结构,块状构造。矿石主要由一水硬铝石和叶蜡石组成,微量矿物有褐铁矿、黄铁矿、电气石、金红石、锆石、石英、方解石等。化学成分: Al_2O_3 45.51% ～73.91%,TiO_2 2.02% ～4.42%,Fe_2O_3 0.97% ～1.60%,CaO 0.16% ～0.32%,SiO_2 15.26% ～35.04%,R_2O 0.12% ～0.35%。耐火度 1 750 ～1 790 ℃,一般 1 770 ℃。

硬质黏土矿:浅灰或灰绿色,鲕状或泥质结构,块状构造。矿石矿物成分主要以叶蜡石、一水硬铝石为主,次为水云母、方解石、褐铁矿、石英、金红石等。化学成分: Al_2O_3 37.59% ～44.97%,平均40.41%;TiO_2 1.82% ～ 2.34%,平 均 2.12%;Fe_2O_3 1.05% ～ 1.70%,平 均 1.39%;CaO 0.30% ～0.52%,平均0.42%;SiO_2 37.0% ～44.38%,平均 41.10%;R_2O 0.23% ～8.00%,平均2.59%。耐火度 1 670 ～1 750 ℃。

半软质黏土矿:浅灰色,泥质结构,致密页状构造,主要矿物成分为高岭石、白云母,其次为电气石、金红石、赤铁矿、褐铁矿等。化学成分: Al_2O_3 37.79% ～ 43.82%,平 均 37.95%;TiO_2 1.60% ～ 2.76%,平 均 1.90%;Fe_2O_3 0.88% ～2.52%,平均1.60%;CaO 0.18% ～7.80%,平均 1.21%;SiO_2 37.66% ～44.94%,平均41.52%;R_2O 1.26% ～3.74%,平均2.73%。耐火度 1 670 ～1 710 ℃。

11.6.5　矿石类型

矿石自然类型有致密块状矿石、鲕状或豆状矿石、页状或薄层状矿石、松软土状矿石。矿石工业类型以高铝黏土矿、硬质黏土矿、半软质黏土矿、高铝黏土矿为主。

探明资源储量 704.700 万 t,其中基础储量(经济的)38.700 万 t,资源量 666.000 万 t。

11.7　西张庄矿区

11.7.1　矿区位置

矿区位于焦作市西北 13 km,属焦作市龙洞乡所辖。地理坐标:东经 113°05′30″ ~ 113°06′52″,北纬 35°14′54″ ~ 35°15′41″。

11.7.2　矿床特征

含矿岩系分上、下两个岩性段。下段由铁质黏土岩、褐(赤)铁矿化黏土岩、黄铁矿化黏土岩、薄层砂岩组成。局部见 1 ~ 2 层黏土矿(下矿层)。该段有三层铁矿。上段为本区主要含矿层位,由硬质黏土矿、铁矾土、少量软质和高铝黏土矿(上矿层)、铁质黏土岩、含铁黏土岩以及砂岩组成。该段顶部常有炭质页岩和煤线(见图 11-2、图 11-3)。

含矿岩系在横向或纵向上厚度变化均较大。变化的幅度受奥陶系古地形的控制。最厚 45.22 m,最薄 4.37 m,平均 16.94 m。全区含矿岩系西部厚、东部薄。北部以 ZK61 孔、南部以 ZK101 孔为中心,厚度明显增大。黏土矿的厚度和含矿岩系的厚度为正相关关系。

11.7.3　矿体(层)形态、产状及规模

赋存于本溪组中的黏土矿分上、下两个矿层,下矿层位于含矿岩系的下段,规模小,分布零星,工业意义不大。下矿层为小透镜状矿体,与地层产状一致,倾向 120° ~ 150°,倾角 10°,长 100 m,宽 100 m,厚 1.65 m,以高铝黏土矿为主。上矿层位于含矿岩系的上段,是主矿层。其中以上矿体规模最大。呈层状或似层状,层位稳定,厚度变化不大。倾向 120° ~ 150°,倾角 5° ~ 10°,一般为 8°。长约 2 000 m,平均宽 500 ~ 700 m,面积 0.98 km²。矿体西部厚,向东逐渐变薄,东西两端均有分叉,在南端边缘亦有分叉,北端和中部厚度较大。该矿体最大厚度

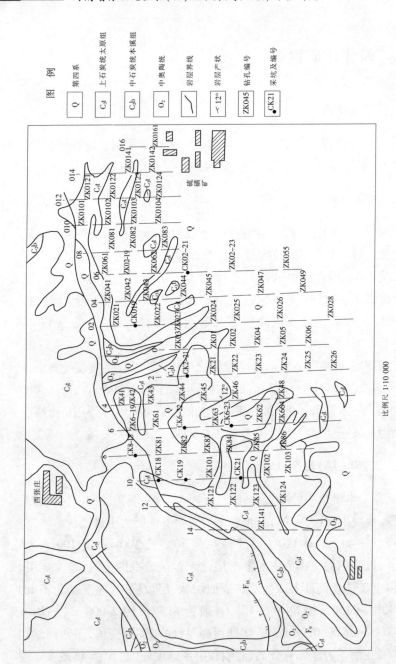

图 11-2　焦作市西张庄黏土矿区地质平面

比例尺 1:10 000

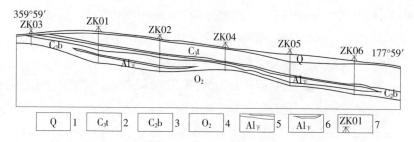

1. 第四系;2. 上石炭统太原组;3. 中石炭统本溪组;4. 中奥陶统;

5. 黏土矿上矿层;6. 黏土矿下矿层;7. 钻孔及编号

图 11-3　西张庄黏土矿第 0 勘探线剖面

12.43 m,最薄 0.64 m,平均 3.16 m,以硬质黏土矿为主,高铝黏土矿零星见及。在该矿体的下部尚分布有上Ⅰ-1、上Ⅰ-2、上Ⅰ-3 三个透镜状矿体,长 350 ~ 700 m,宽 112 ~ 200 m,平均厚 1.32 ~ 3.51 m。矿体倾向 120° ~ 150°,倾角 5° ~ 12°。以硬质黏土矿为主,少量高铝黏土矿和软质黏土矿。该矿体上部零星分布三个透镜状和鸡窝状小矿体,规模小,价值不大,以软质黏土矿为主。

11.7.4　矿石质量

高铝黏土矿:深灰 - 灰色,泥质显微鳞片结构,鲕状定向构造。主要矿物成分为高岭石、铁泥质、叶蜡石、一水硬铝石,少量地开石以及绿泥石、石英,微量矿物有锆石、电气石、黄铁矿、绢云母。化学成分:Al_2O_3 43.86% ~ 65.16%,TiO_2 0.09% ~ 2.70%,Fe_2O_3 0.50% ~ 2.95%,CaO 0.10% ~ 0.84%,MgO 0.09% ~ 0.70%,SiO_2 19.04% ~ 44.40%,K_2O 0.10% ~ 0.28%,Na_2O 0.05% ~ 0.13%,烧失量 10.62% ~ 25.37%。耐火度 1 770 ~ 1 830 ℃。

硬质黏土矿:深灰 - 浅灰色,泥质结构,块状构造。主要由显微鳞片状隐晶质叶蜡石、高岭石和泥质组成,有少量水云母及金红石、石英、铁质等。化学成分:Al_2O_3 28.47% ~ 49.56%,TiO_2 0.80% ~ 3.44%,

Fe_2O_3 0.38% ~ 3.05%,CaO 0.05% ~ 1.37%,MgO 0.07% ~ 1.18%,SiO_2 34.74% ~ 49.10%,K_2O 0 ~ 1.29%,Na_2O 0 ~ 0.50%,烧失量7.95% ~ 15.23%。耐火度 1 635 ~ 1 800 ℃。

软质黏土矿:灰白色,泥质结构,块状、层状构造。主要由隐晶质水云母、显微鳞片状高岭石组成,微量矿物有白云母、铁质、金红石等。化学成分:Al_2O_3 23.73% ~ 37.25%,TiO_2 1.30% ~ 1.82%,Fe_2O_3 0.66% ~ 1.73%,CaO 0.21% ~ 1.21%,MgO 0.16% ~ 0.31%,SiO_2 66.30%,K_2O 0.30% ~ 0.40%,Na_2O 0.11% ~ 0.18%,烧失量5.55% ~ 14.29%。耐火度 1 640 ~ 1 758 ℃。

11.7.5 矿石类型

矿石自然类型有致密块状矿石、鲕状矿石、松软土状矿石。按矿物成分不同,分为高岭石黏土矿石、叶蜡石 – 高岭石黏土矿石、水云母 – 高岭石黏土矿石。工业类型有高铝黏土矿、硬质黏土矿及软质黏土矿,以硬质黏土矿为主。

Ⅱ区段探明资源储量 444.800 万 t,其中基础储量(经济的)355.800 万 t,资源量 89.000 万 t。Ⅲ区段探明资源储量 750.600 万 t,全为资源量。

11.8　上刘庄矿区

11.8.1 矿区位置

矿区位于焦作市东北 18 km,属焦作市安阳城乡管辖,地理坐标:东经 113°20′00″ ~ 113°30′00″,北纬 35°15′00″ ~ 35°20′00″。图 11-4 为焦作市上刘庄耐火黏土矿区地质图,图 11-5 为焦作市上刘庄耐火黏土矿区第 46 勘探线剖面图。

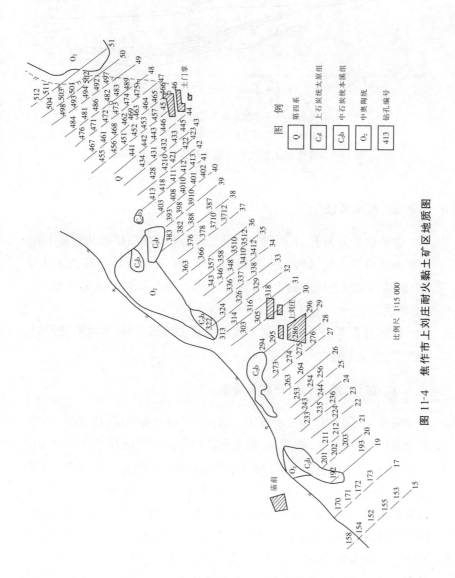

图例

Q	第四系
C_3t	上石炭统太原组
C_2b	中石炭统本溪组
O_2	中奥陶统
413	钻孔编号

比例尺 1:15 000

图 11-4　焦作市上刘庄耐火黏土矿区地质图

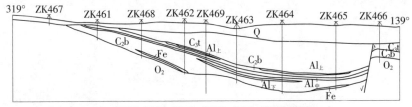

图例 ⊡ Q 1 ⊡ C_2t 2 ⊡ C_2b 3 ⊡ O_2 4 ⊡ Al 5 ⊡ Fe 6 ⊡ ZK467 7

1.第四系;2.上石炭统太原组;3.中石炭统本溪组;

4.中奥陶统;5.黏土矿;6.铁矿;7.钻孔及编号

图 11-5　焦作市上刘庄耐火黏土矿区第 46 勘探线剖面

11.8.2　矿床特征

含矿岩系分为上、下两段。下段底部为鸡窝状铁矿和铁质黏土岩,中部为铁质黏土岩、砂岩,夹透镜体黏土矿(下矿层),上部为黏土矿(中矿层);上段为铁质黏土岩、黏土质页岩、炭质页岩夹透镜状黏土矿(上矿层)。

含矿岩系厚 15～30 m,其厚度严格受古地形控制,古地形低凹处,厚度大;古地形隆起处,厚度小。

11.8.3　矿体(层)形态、产状及规模

黏土矿分上、中、下三个矿层。上、下矿层分布零星,规模小。中矿层分布广,连续性好,厚度大,是主要矿层。上矿层赋存于含矿岩系的上段,由 9 个小透镜体组成,规模小,一般 70 m×70 m。最大的一个沿走向长 500 m,延深 100 m,厚 0.5～1.5 m,最厚 3.88 m。矿石类型为软质黏土矿、硬质黏土矿。中矿层赋存于含矿岩系下段顶部,呈层状,连续性好,长 1 900 m,延深 150～400 m,最大厚度 14.39 m,最小厚度 0.85 m。沿走向,厚度呈波状起伏,东厚西薄;沿倾向一般北薄南厚。矿石类型主要为软质黏土矿,其次为硬质黏土矿。矿层产状与围岩一致,倾向 140°,倾角 8°～12°。

下矿层赋存于含矿岩系下段中部。呈小透镜状,共 8 个矿体,规模小,一般 100 m × 100 m。最大的长 390 m,延深 60 ~ 300 m,一般厚 0.5 ~ 1.5 m,最厚 5.23 m,矿石类型有硬质和软质黏土矿。

11.8.4　矿石质量

硬质黏土矿:浅灰 - 灰黑色,泥质结构,部分为细粒结构、鲕状结构。块状构造、微层状构造。主要矿物成分为高岭石,含量 90%,呈隐晶泥状堆积体,其次为水铝石,含量 10%,呈显微状、柱状混杂在黏土矿物间,少量铁质及炭质。鲕粒由高岭石及水铝石组成,微量矿物有榍石、金红石、锆石、电气石、石英、白云母、黄铁矿。化学成分:Al_2O_3 28.64% ~ 44.41% ,TiO_2 0.75% ~ 3.72% ,Fe_2O_3 0.38% ~ 2.62% ,CaO 0.04% ~ 0.31% ,SiO_2 29.12% ~ 54.68% ,烧失量 8.86% ~ 15.22% ,耐火度 1 730 ~ 1 770 ℃。

软质黏土矿:白色、灰白色,泥质结构、显微鳞片结构,微层状构造,风化后成土状。主要矿物成分为高岭石,少量叶蜡石、水云母,呈鳞片状。偶见电气石、石英、白云母、金红石、磷灰石、绿帘石。化学成分:Al_2O_3 28.55% ~ 42.22% ,TiO_2 1.18% ~ 2.31% ,Fe_2O_3 0.53% ~ 2.45% ,CaO 0.05% ~ 1.01% ,SiO_2 37.72% ~ 54.78% ,烧失量 8.57% ~ 14.62% ,耐火度 1 710 ~ 1 770 ℃,可塑性 3.23 ~ 13.69。

11.8.5　矿石类型

矿石自然类型:按矿石结构、构造分为致密块状、豆鲕状、薄层状或松软土状。按矿物成分分为水铝石 - 高岭石型黏土、叶蜡石 - 水云母型黏土、水云母 - 高岭石型黏土。矿石工业类型有软质黏土矿、硬质黏土矿。以软质黏土矿为主,硬质黏土矿次之。

探明资源储量 786.000 万 t,其中基础储量(经济的)470.700 万 t,资源量 315.300 万 t。

第 12 章　豫北地区黏(铝)土矿资源概况

12.1　黏(铝)土矿主要矿区资源储量基本情况

豫北地区黏(铝)土矿主要分布在济源、沁阳、博爱、辉县、鹤壁一带,主要沿太行山南坡及东坡,东西长约 200 km,南北宽 5～10 km,面积约 2 000 km²,是河南省主要的黏(铝)土矿产基地之一,大部分矿体埋藏较浅,水文地质条件简单,适合于露天开采。矿区构造简单,主要是断裂构造,矿体多呈层状、似层状产出,顶、底板岩性单一,岩石密度中等,矿床均属半坚硬岩石工程地质组。铝土矿、耐火黏土、陶瓷土、高岭土、铁矾土等均有分布,矿产品开发对河南省的经济和社会发展起着重要作用。

截至 2009 年底,探明耐火黏土矿产地 54 处(单一产地 24 处,与铝土矿、铁矿共生的产地 30 处)。其中大型矿床 7 处,中型矿床 25 处,小型矿床 22 处。累计探明资源储量 2.14 亿 t,2009 年底保有资源储量 1.77 亿 t,占全省耐火黏土总资源储量的 73.23%,居全省第一位。矿石类型以硬质黏土和高铝黏土为主,软质黏土较少。其分布范围主要是济源至鹤壁沿太行山一带,各不同类型黏土矿的矿石储量见表 12-1。豫北地区主要矿区资源储量见表 12-2。

表 12-1　豫北地区黏土矿资源储量分类统计

矿石类型	累计探明资源储量(万 t)	占全省总储量的比例(%)	2009 年底保有资源储量(万 t)	占全省总储量的比例(%)
高铝黏土	12 240.9	39	11 622.7	39.2
硬质黏土	16 220.4	52	15 515.3	52.3
软质黏土	2 894.9	9	2 521.7	8.5

注:按 2008 年套改储量。

表 12-2　豫北地区主要矿区资源储量(截至 2009 年底)

序号	矿区名称	工作程度	探明资源储量(万 t)				保有资源储量(万 t)				矿种
			储量	基础储量(经济的)	资源量	资源储量	储量	基础储量(经济的)	资源量	资源储量	
1	常平	勘探		38.700	666.000	704.700	29.000	38.700	666.000	704.700	黏土矿
2	茶棚	勘探			1 002.600	1 002.600			1 002.600	1 002.600	黏土矿
3	窑头	详查			814.200	814.200			814.200	814.200	黏土矿
4	前后和湾	详查			200.800	200.800			200.800	200.800	黏土矿
5	干戈掌	详查			365.200	365.200			365.200	365.200	黏土矿
6	磨石坡	勘探		426.300	109.000	535.300	166.300	221.700	87.900	309.600	黏土矿
7	大洼 II 区段	勘探		178.900	10.300	189.200					黏土矿
8	大洼 III、IV 区段	详查			450.400	450.400			450.400	450.400	黏土矿
9	上白作	勘探		129.500	6.100	135.600					黏土矿
10	西张庄 II 区段	勘探		355.800	89.000	444.800			47.500	47.500	黏土矿
11	西张庄 III 区段	详查			750.600	750.600			750.600	750.600	黏土矿
12	新庄	普查			114.300	114.300			114.300	114.300	黏土矿
13	寺岭	勘探		198.300	67.700	266.000	137.200	183.000	67.700	250.700	黏土矿
14	洼村	详查			496.200	496.200			496.200	496.200	黏土矿
15	赵窑	普查			122.300	122.300			122.300	122.300	黏土矿
16	上刘庄 II 区段	勘探		96.900	92.100	189.000	15.000	20.000	32.200	52.200	黏土矿
17	上刘庄 III 区段	勘探		250.000		250.000					黏土矿
18	上刘庄 IV 区段	详查		123.800	223.200	347.000					黏土矿
19	九里山	勘探			258.000	258.000			258.000	258.000	黏土矿
耐火黏土合计				1 798.200	5 838.000	7 636.200	347.500	463.400	5 475.900	5 939.300	黏土矿

续表 12-2

序号	矿区名称	工作程度	探明资源储量(万 t)				保有资源储量(万 t)				矿种
			储量	基础储量(经济的)	资源量	资源储量	储量	基础储量(经济的)	资源量	资源储量	
20	九府坟	详查			39.000	39.000			39.000	39.000	陶瓷土
21	王窑	详查			773.700	773.700			773.700	773.700	高岭土
22	虎村—张老湾	普查			1 263.370	1 263.370			1 263.370	1 263.370	高岭土
	高岭土合计				2 037.070	2 037.070			2 037.070	2 037.070	高岭土

据统计,豫北地区黏土矿中硬质黏土占总保有储量的 52.3%,高铝黏土占 39.2%,软质黏土仅占 8.5%。除已列入河南省矿产查明资源储量简表的 44 处矿产地以外,其他矿(点)产地不多,大部分是以铝土矿共生的形式出现,一般铝土矿矿床内均有一定数量的黏土矿。实际上,铝土矿与黏土矿为一矿多用矿石。因此,黏土矿产的远景与铝土矿矿产远景紧密相关。

黏土矿成矿地质条件及成矿规律与铝土矿基本一致,但在地区分布上比铝土矿的范围更大。焦作地区是豫北地区黏土矿的主要分布区,区内也有较多的软质黏土,铝土矿与黏土矿的比例大致为 0.5:1,黏土矿为铝土矿的共生矿出现。

豫北地区黏土矿的资源特点是以高铝黏土和硬质黏土为主,两者占总储量的 72.8%,软质黏土储量偏低,仅占 7.2%。高铝黏土含铝量普遍较高,Fe_2O_3 含量较低,烧失量小,是很好的优质耐火材料。但是总体来说,高品级的黏土矿储量偏少,高铝黏土特级品保有资源储量 283.4 万 t,仅占全部高铝黏土矿资源储量的 2.4%。Ⅰ级品没有,97.6% 为Ⅱ、Ⅲ级品;硬质黏土特级品资源储量为 1 350.4 万 t,占硬质黏土资源储量的 8.7%,Ⅰ级品资源储量为 6 593.5 万 t,占硬质黏土资源储量的 42.5%,其余则为Ⅱ、Ⅲ级品。软质黏土Ⅰ级品资源储量为 1 673.7 万 t,占软质黏土总量的 66.3%。但软质黏土的资源储量仅占全省耐火黏土资源总储量的 7.2%。黏土矿的另一个特点是,单一矿床少,共生矿床多。单一矿床占黏土矿总产地的 43%,57% 的黏土岩为铝土矿的共生矿产。因此,综合开发利用对发展黏土岩矿业具有重要意义。

自 20 世纪 60 年代起到 80 年代末,先后有冶金、建材、地质等部门对本区 22 个矿区进行了勘查工作。其中完成勘探矿区 10 个,详查矿区 9 个,普查矿区 3 个,探明矿床大型 3 个、中型 11 个、小型 4 个。发现矿点 26 处,截至 2000 年底,累计探明耐火黏土资源储量 7 636.200 万 t,其中高铝黏土矿 1 468.300 万 t,硬质黏土矿 4 882.300 万 t,软质黏土矿 1 285.600 万 t,探明陶瓷土资源储量 39.000 万 t,高岭土资源储量 2 037.070 万 t。按储量类别分,耐火黏土基础储量(经济的)1 798.200 万 t,资源量 5 838.000 万 t,陶瓷土、高岭土皆为资源量。

12.2　铝土矿资源情况

本区域内铝土矿均为一水硬铝石型沉积矿床。铝土矿赋存在本溪组中部,层位单一,常呈似层状、透镜状、漏斗状产出,铝土矿床集中分布于济源—沁阳—焦作一带。在东段因受断层破坏,矿层呈长条状分布;西段受沟谷切割,矿层在山顶成为孤立的残留体。

铝土矿赋存于石炭系中统本溪组中,主要分布于济源下冶、邵原,沁阳煤窑庄、常平,博爱窑头等地,与高铝黏土矿共生且互为消长。区内铝土矿产地 7 处(见表 12-3),其中仅沁阳煤窑庄铝土矿做过专门普查工作,求得资源量 210.8 万 t,其中表内探明储量 89.61 万 t,表外 121.24 万 t,为小型矿床。此外,根据河南省地矿局第二地质队 1985 年对沁阳的常平、窑头、前后和湾三个黏土矿区和黄草坪、煤窑庄、红土坡、白坡四个黏土矿点上的普查与勘探资料,经综合研究整理,按铝土矿要求进行铝土矿储量试算,获得铝土矿资源量 840.44 万 t(见表 12-3)。

2001 年,受沁阳市国土资源局委托,河南省地矿局第二地质队对沁阳市的常平、窑头、前后和湾等高铝黏土矿区的铝土矿资源进行了重新核算,以铝硅比大于 4 进行圈定,共获得资源储量 687.8 万 t。

表 12-3　主要铝土矿区资源储量情况

矿区(点)	厚度(m)	面积(km²)	资源量(万 t)
常平	2.13	1.14	212.43
窑头	2.30	0.975	135.12
前后和湾	1.63	0.90	61.78
黄草坪	1.10	0.082	26.88
红土坡	3.17	0.118 225	111.68
白坡	11.24	0.170	255.34
煤窑庄	3.30	0.040 75	37.21
合计			840.44

　　豫北地区铝土矿成矿条件较差,规模小,多呈零星状分布,矿石质量与全省类似,多为中低品位。区内目前经勘查的铝土矿是沁阳煤窑庄铝土矿,该矿为一小型铝土矿,与耐火黏土共生,有 5 个矿体,厚度1.39 ~ 23.4 m,矿石质量一般,有益组分 Al_2O_3 含量 60.85% ~ 66.94%,铝硅比 3.7 ~ 7.14,符合工业标准。但由于矿体规模小,产状、形态变化大,开采难度大,一直没有形成规模开采。其他如常平、窑头、前后和湾、黄草坪、红土坡、白坡等地的黏土矿中也赋存着一定量的铝土矿。经对上述矿区点上的勘查资料的再整理,计算出铝土矿总资源量达 840.44 万 t。2001 年受沁阳市国土资源局的委托,河南省地矿局第二地质队按铝硅比大于 4 再次对上述矿区进行了核算,共获资源储量 687.8 万 t。

12.3　高岭土资源情况

　　本区的高岭土主要赋存在两个层位,其一是赋存于石炭系中统本溪组中,以修武王窑高岭土矿最为典型;其二是赋存于二叠系下统下石盒子组中,以沁阳虎村—张老湾高岭土矿为典型。

(1)修武王窑高岭土矿:为滨海 – 泻湖相沉积矿床,赋存于石炭系中统本溪组中上部,呈层状和似层状产出,分上、中、下 3 个矿层。主矿体长 2 200 m,宽 200 ~ 500 m,面积 0.9 km²,厚 0.8 ~ 4.28 m,矿石分为硬质和软质两类,主要矿物成分为高岭石,含量 60% ~ 80%,其次为伊利石和叶蜡石。1987 ~ 1988 年,由省地矿厅第二地质队进行了详查,获得高岭土矿石远景储量 1 024.83 万 t,其中软质矿石 507.89 万 t,硬质矿石 516.94 万 t。主要用于橡胶填料,做造纸涂料由于白度偏低,尚不够理想。

(2)沁阳虎村—张老湾高岭土矿:赋存于二叠系下统下石盒子组下部,呈稳定的单一层状,平均厚度 1.2 ~ 1.74 m,总面积 3.5 km²,矿石类型为硬质和半软质两种,主要矿物成分为高岭石,平均含量 81.36%,其次为叶蜡石、绿泥石、伊利石和蒙脱石。1989 年,经省地矿厅第二地质队普查,提交高岭土矿石远景储量 1 263.37 万 t,其中硬质高岭土矿石 859.54 万 t,半软质高岭土矿石 403.83 万 t,由于该矿区矿石中重要有害杂质铁是以铁绿泥石和浸染铁等形式存在,用化学和物理方法均难以除掉,最终产品 Fe_2O_3 含量 0.76%,白度 78.2%,达不到提纯刮刀涂布级造纸涂料的选矿要求,尚需作进一步研究。

高岭土的利用方向:一是生产高档次产品,采用高科技的去铁或选矿技术,使白度达到 90% 以上,作为涂布级高岭土用于造纸工业,附加值将会数十倍地增长。二是用高岭土生产聚合铝,聚合铝是一种无机高分子化合物,是性质优良的高效净水剂,是硫酸铝和氧化铝等水处理产品的替代品,优点是成本低,生产工艺简单,将高岭土精泥磨矿、焙烧、酸浸、净化、中和、聚合、干燥即可制成固体聚合铝产品。与常规净化剂硫酸铝相比,它具有用量少、钒化大、絮凝快等优点,可以有效地净化高达 4 亿 m³ 的污水,对水中微生物、细菌、藻类的去除率达 90%,对放射性物质去除率达 80%,并能使造纸工业废水色度降低 80%,其净化效率是硫酸铝的 4 倍以上,可降低净水费用 4%,随着国家对环境污染治理的重视,开发聚合铝产品具有较高的经济效益和社会效益。

12.4 耐火黏土资源情况

耐火黏土在整个豫北地区分布极广,尤以焦作市最为集中,而且品种齐全,矿床埋藏浅,水文地质条件简单,开采技术条件优越,是我国重要的耐火材料基地。区内耐火黏土矿赋存于石炭系中统本溪组中,分为上、中、下三个矿层,以中层矿较为稳定,厚度与含矿岩系呈正相关关系,一般厚 $1 \sim 4$ m,最厚可达 15.72 m,呈层状或似层状。矿石类型以硬质黏土矿为主,其次为高铝黏土和软质黏土。据省地矿厅第二地质队焦作地区黏土矿普查资料,全区共获得黏土矿资源储量 37 528.62 万 t,其中高铝 7 748.99 万 t,硬质 20 976.85 万 t,软质 8 802.78 万 t。

焦作市耐火黏土资源丰富,矿体多为两层,个别矿区为一层或三层,矿层厚度变化较大,最薄近于 0,最厚可达 14.39 m,多为 $1 \sim 10$ m。矿石类型齐全,以硬质黏土最多,软质黏土次之,高铝黏土、半软质黏土较少。矿石品质优良,Al_2O_3 含量 22.17% ~ 76.05%,Fe_2O_3 含量 0.45% ~ 3.72%,根据品级划分,区内硬质黏土多为Ⅰ级品或Ⅱ级品,软质黏土多为Ⅰ级品,高铝黏土质量稍差,多为Ⅲ级品。矿体埋深变化较大,水文地质条件较为简单,总体开采条件良好。博爱茶硼铁矿区是区内目前发现的最大的耐火黏土矿产地,耐火黏土与铁共生,探明资源储量 1 002.6 万 t,根据品级划分为硬质黏土,质量较优,含 Al_2O_3 6.46%,Fe_2O_3 2.46%,CaO 0.6%,属硬质Ⅱ级品。矿区水文地质条件简单,但由于矿体埋深 30 ~ 75 m,至今尚未开采。

多年来,焦作市的耐火黏土、高岭土主要以卖原矿和煅烧后销往各大钢铁厂或耐火材料厂,用于制作各种定型或不定型的耐火材料,价格低,储量消耗大,资源优势没有得到充分发挥。随着科技的进步及人类对耐火黏土、高岭土利用研究的深入,耐火黏土,特别是高岭土的用途越来越广,深加工后产值成倍增长,效益十分可观。

"十一五"期间,焦作市耐火黏土的利用方向应放在生产系列耐火制品和特种耐火材料等方面,尽量减少售往外地的原矿量。区内矿山的耐火黏土作为橡胶的填料,是一种补强剂,能够提高橡胶的机械强度和耐酸性能;在制造油漆中,用粉碎后的耐火黏土作原料,不但使油漆上一个档次,还能降低生产成本。目前,耐火黏土粉碎改性加工后,作为油漆(见图 12-1)、橡胶填料,不仅销路好,而且售价高。

图 12-1　耐火黏土超细粉碎工艺流程

12.5　铁矾土资源情况

豫北地区焦作市是河南省唯一列入河南省矿产查明资源储量简表的铁矾土产区,其中沁阳常平耐火黏土矿区是区内发现的最大铁矾土产地。区内铁矾土矿区水文地质条件简单或复杂,矿体结构复杂,矿体形态为层状、似层状或透镜状,矿层数变化大,最少 1 层,最高达 5 层,矿床规模小,全为中小型矿床。矿石品位中低,多为Ⅱ级品或Ⅲ级品。与耐火黏土共生,可供综合开发利用。经勘查,沁阳常平耐火黏土矿区资源储量 490. 2 万 t,其中探明基础储量 222. 9 万 t,矿石质量一般,含 Al_2O_3 47. 43% ,Fe_2O_3 3. 3% ,根据品级划分,为Ⅱ级品,矿层厚 0. 5 ~ 3. 43 m,开采条件简单,可进行露天开采。受市场条件影响,至今尚未开采。

第13章　黏(铝)土矿综合开发利用研究

13.1　高岭土选矿的可行性

　　高岭土是一种重要的非金属矿产资源,是一种以高岭石及高岭石族矿物为主,并含有多种其他矿物的土质岩石,因首次发现和使用地在我国江西省景德镇的高岭村而得名。高岭土常呈致密块状、土状及疏松状,质纯者呈白色,含杂质者可呈灰、黄、褐、红、蓝、绿等色,珍珠光泽或无光泽,土状断口,比重为 $2.2 \sim 2.6$ g/cm^3,摩氏硬度 $1 \sim 2.5$,吸水性强,在水中可解离成小片状颗粒并能悬浮于水中,可制成胶泥,具有良好的可塑性,黏结性能好。

　　高岭土的化学式为 $Al_2O_3 \cdot 2SiO_2 \cdot 2H_2O$,理想化学成分为:$Al_2O_3$ 39.50%,SiO_2 46.54%,H_2O 13.96%,SiO_2/Al_2O_3 的分子比为2。高岭土的主要成分是 SiO_2 和 Al_2O_3,还含有少量的 Fe_2O_3、TiO_2、MgO、CaO、K_2O 和 Na_2O 等。高岭土具有很多优异的理化性质和工艺特性,如可塑性、黏结性、烧结性、耐火性、绝缘性、吸水膨胀性以及化学稳定性等,广泛应用于石油化工、造纸、功能材料、涂布、陶瓷、耐火材料等领域,并且随着现代科技的进步,高岭土的新用途还在不断地拓宽,在尖端技术领域,高岭土是原子反应堆、喷气式飞机、火箭燃烧室的耐高温复合材料的主要成分,成为人类生活和生产中不可缺少的一种重要的矿产资源,在国民经济中发挥着越来越重要的作用。高岭土大部分具有粒度细、白度高、晶形为片状等优点,但由于高岭土中含有铁、钛等杂质常使高岭土着色,影响其烧结白度及其他性能,限制了高岭土的应用。因此,对高岭土成分的分析及其除杂技术的研究显得尤为重要。

　　高岭土是豫北地区的优势矿产之一。由于豫北地区高岭土资源含杂质较高,煅烧后白度不够,影响了其应用领域,高岭土矿企业目前仍处在销售原矿或简单焙烧、手选后出售状态,销售价格低廉。今后应从矿物改型改性方面入手,用先进的工艺方法提纯获得优质高岭土,同时应向精加工譬如超细粉磨等方面发展,将高岭土的资源优势转化为经济优势。

本次研究用化学和物理化学相结合的方法降低高岭土染色物质 Fe_2O_3 的含量,提高高岭土的白度。

13.1.1　高岭土的成分与结构

高岭土(kaolin)是以高岭石亚族矿物为主,并含有多种黏土矿物和少量碎屑矿物的岩石。高岭石族矿物共有高岭石、地开石、珍珠石、7Å埃洛石、10Å埃洛石等五种。

高岭石是由一层 $Si-O_4$ 四面体和一层 $Al-O_6$ 八面体通过共同的氧离子互相联结而成的,属1:1型二八面体的层状硅酸盐岩(见图13-1),四面体尖顶上的氧离子都向着八面体,八面体中只有2/3的位置被铝离子所占据,结构单元层完全相同,单位构造高度为0.7 nm,层间以氢键相联结,无水分子和离子。由于高岭石晶层间没有阳离子,故 O^{2-} 离子面和 OH^- 离子面直接重叠,使层与层之间靠氢键连接起来,故高岭土显得比较结实,既无膨胀性也无离子交换能力。它的理想结构式为 $Al_4(Si_4O_{10})(OH)_8$,或 $2Al_2O_3 \cdot 4SiO_2 \cdot 4H_2O$,故硅铝比 $SiO_2/Al_2O_3 = 2:1$,其理论上的组成是: SiO_2 46.54%, Al_2O_3 39.50%, H_2O 13.96%。高岭石为三斜晶系,一般为无色至白色的细小鳞片,单晶呈假六方板状或书册状,平行连生的集合体往往呈蠕虫状或手风琴状,粒径以0.5~2 nm为主,个别蠕虫状可达数毫米。

高岭土主要由小于2 μm的微小片状或管状高岭石族矿物晶体组成,其化学成分主要是 SiO_2、Al_2O_3 和 H_2O,纯净的高岭土成分接近于高岭石的理论成分,由于各种杂质的影响,因此往往含有害组分 Fe_2O_3、TiO_2、CaO、MgO、K_2O、Na_2O、SO_3 等。有害组分 Fe_2O_3、TiO_2 一般在沉积矿床较高,其次是风化型高岭土,蚀变型矿床中铁质最少。高岭

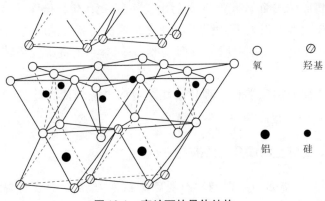

图 13-1　高岭石的晶体结构

土的 K_2O、Na_2O 含量在风化型矿床中较多,一般在 2% ~7%,随深度增加而升高。

13.1.1.1　高岭土的矿物组成

高岭土的矿物组成有黏土矿物和非黏土矿物两类。黏土矿物主要是高岭石族矿物,其次是少量的水云母、蒙脱石和绿泥石。非黏土矿物主要为石英、长石和云母,此外还有铝的氧化物和氢氧化物、铁矿物(褐铁矿、白铁矿、磁铁矿、赤铁矿和菱铁矿)、钛的氧化物(钛铁矿、金红石、白榍石)、有机物质(植物纤维、有机泥炭及煤)等。决定高岭土性能的主要是黏土类矿物。

13.1.1.2　高岭土的结构

高岭土中常见的结构有凝胶状结构,颗粒极细而致密;泥质结构,矿石中小于 0.01 mm 以下的颗粒占绝大多数;粉砂泥质或砂泥质结构,指矿石中含 25% ~50% 的砂或粉砂;植物泥质结构,指矿石中含有机质植物残体等;变余结构,指蚀变高岭土中常有变余凝灰或变余斑状等结构。高岭土中常见的构造有皱纹状或条纹状构造、角砾状和斑点构造等。

13.1.1.3　高岭土的分类

高岭土的矿石类型可根据高岭土矿石的质地、可塑性和砂质的含量划分为硬质高岭土、软质高岭土和砂质高岭土三种类型,见表 13-1。

表 13-1　高岭土的分类

类　型	硬　度	可塑性	砂质含量
硬质高岭土 (高岭石岩)	质硬(硬度 3~4)	无,粉碎磨细后 具可塑性	
软质高岭土 (土状高岭土)	质软	较强	砂质含量 <50%
砂质高岭土	质松软	较弱,除砂后较强	砂质含量 >50%

13.1.2　高岭土的工艺物理性能

质纯的高岭土具有白度高、质软、易分散悬浮于水中、良好的可塑性和高的黏结性、优良的电绝缘性能、良好的抗酸溶性、很低的阳离子交换量、较高的耐火度等物理化学性能,根据目前高岭土的用途,其主要工艺物理性能主要包括粒度分布、白度、可塑性、结合性能、泥浆性能、干燥性能、烧结性能、耐火度和热载重、离子交换性、酸碱度、可选性等。

13.1.2.1　粒度分布

粒度是颗粒大小的定性概念,可分为原矿粒度(即天然高岭土的粒度)和工艺粒度(即加工后产品的粒度)。高岭土的矿物颗粒一般很细小,多在 2 μm 以下。煤系高岭岩经成岩作用和后生作用后,细小的高岭石紧密地镶嵌在一起,形成坚硬的岩石。

13.1.2.2　白度

白度分为自然白度(又称原矿白度)和烧后白度(又称熟料白度)。自然产出的高岭土一般含有铁、钛、炭等杂质,呈黄色、灰色、黑色等。煅烧条件下着色的一般规律是:600~900 ℃样品因 Fe_2O_3 染色而呈红、黄等暖色调;1 000 ℃以上煅烧,Fe_2O_3 分解,含铁高的样品呈灰色;在 500 ℃以下很难将炭烧掉,样品呈灰色。一般情况下,温度越高,白度也越高,但高温会破坏高岭岩中 Al_2O_3 和 SiO_2 组分的活性,也会改变高岭石矿物的片状形态。因此,煅烧温度不能太高。当高岭岩用做陶瓷原料时,以 1 300 ℃煅烧白度为分级标准。

13.1.2.3 可塑性和结合性

物料与水结合形成泥,在外力作用下能够变形,外力除去后仍能保持这种形状不变的性质即为可塑性。结合性是指高岭土与非塑性原料相结合,形成可塑泥团,并具有一定干燥强度的性能。一般的高岭土都具有良好的可塑性和结合性。

13.1.2.4 黏性和触变性

黏性可解释为液体对流动的阻抗,其大小用黏度来表示。黏度不仅是陶瓷工业的重要参数,对造纸工业的影响也很大。在造纸涂料制备及涂布过程中,为了得到良好的涂布质量,要求涂料具有适度的黏度和流动性,以保证涂布过程中涂料在纸面上的流平、涂料的迁移及涂料与原纸的结合。

触变性是指已稠化成凝胶状不再流动的泥浆(悬浮液)受力(搅拌、震动等)后变成流体,静止后又逐渐稠化成原状的特性。在陶瓷工业中希望泥料有一定的触变性,过小则生坯强度不够,过大则影响在运输管道中流动和注浆成型后易变形。

13.1.2.5 干燥性能

干燥性能指高岭土泥料在干燥过程中的性能,包括干燥收缩、干燥强度和干燥灵敏度。

干燥收缩指高岭土泥料在失水后产生的收缩。高岭土泥料一般在 40~60 ℃,最多不超过 100 ℃就发生脱水而干燥,因水分排出,颗粒距离缩短,试样的长度及体积就要发生收缩。

干燥强度是指泥料干燥至恒重后的抗折强度。

干燥灵敏度指坯体在干燥时可能产生的变形和开裂倾向的难易程度。灵敏度越大,在干燥过程中越容易发生变形和开裂。

13.1.2.6 烧结性能、耐火性和热载重

烧结性能包括烧成收缩、烧结温度和烧结范围等。

烧成收缩是指陶瓷半成品在高温后所发生的尺度变化,是陶瓷生产中的一个重要参数。烧成收缩过大或不均匀都会导致制品的变形或破裂。烧成收缩与高岭土的化学成分、矿物成分及焙烧温度、速率、气

氛等条件有关。高岭土的烧成收缩通常为 8% ~ 11% ,有时可达 15% 以上,如以埃洛石和 b 轴无序高岭石为主的高岭土。

粉状高岭土或粉状坯体加热至接近其熔点时,物质自发地充填颗粒间空隙而致密化,其气孔率降到最低,密度达到最大时的状态称为烧结状态,相应的温度则称为烧结温度。从烧结温度开始继续加热,高岭土或坯体的体积、密度等没有显著变化,在这个稳定阶段以后,随着加温开始出现软化熔融,这时的温度称为耐火度。在烧结温度和耐火度之间称之为烧结范围。实践表明,高岭土纯度越高,其烧结温度和耐火度也越高。高纯度的高岭土的耐火度可达 1 700 ℃。

热载重指高岭土在高温下的力学强度,以各种温度下试块可耐重量的最大值表示,是陶瓷和耐火材料等行业所关注的一项工艺性能。

13.1.2.7　悬浮性和分散性

悬浮性和分散性指高岭土分散于水中难以沉淀的性能,又称反絮凝性。一般情况下,颗粒越细,悬浮性越好。用于搪瓷工业的高岭土就要求具有良好的悬浮性。

13.1.2.8　可选性

可选性是指高岭土矿石经手工挑选、机械加工和化学处理,以除去有害杂质,使质量达到工业要求的难易程度。高岭土的可选性取决于有害杂质的矿物成分、赋存状态、颗粒大小等。

13.1.2.9　离子吸附性及交换性

高岭土具有从周围介质中吸附各种离子及杂质的性能,并且在溶液中具有较弱的离子交换性质。这些性能的优劣取决于高岭土的矿物成分。

13.1.3　高岭土的应用

高岭土是以高岭石族矿物为主组成的黏土或者岩石的总称,高岭石族矿物有珍珠石、地开石、高岭石、7Å 埃洛石、10Å 埃洛石等五种。

高岭土在造纸工业中的应用十分广泛。主要有两个领域,一是在造纸过程中使用的填料,二是在表面涂布过程中使用的颜料。高岭土还是生产陶瓷的主要原料,在冶金工业中用做耐火材料,在化学工业中少量掺入塑料和橡胶中作为填料使用。随着国民经济各领域的日益发展,人们越来越重视高岭土的深度加工,因为这样不仅可以获取新的具有特殊性能的材料,而且还可提高经济效益。对高岭土进行深加工的方法之一,是将已淘洗和初步烘干粉磨的高岭土进一步加热、焙烧、脱水,使其变成偏高岭土,用做电缆塑料的填料,以提高电缆包皮的绝缘性能。高岭土是近来开发的一种新型橡胶制品填充剂。但是高岭土的所有应用都必须经过加工成为细粉,才能加入到其他材料中,完全融合。

高岭土由于具有很多物化特性和工艺性能,用途非常广泛。目前,高岭土比较重要的应用领域就有十几种,见表13-2。

表13-2　高岭土应用简表

应用范围	主要用途
陶瓷工业	主要用于日用陶瓷、建筑陶瓷、卫生陶瓷、电瓷、无线电瓷、工业陶瓷、特种陶瓷及工艺美术陶瓷
造纸工业	用做造纸的填料和涂料
橡胶工业	用做橡胶制品的填充或补强剂
搪瓷工业	白度高、粒度细、悬浮性能好的高岭土,用做搪瓷制品的硅酸盐玻璃质涂层
耐火材料工业	多熟料耐火材料、半酸性耐火材料等
环保及化学工业	生产聚合铝,处理工业生活用水,制取矾、氯化铝和其他化学药剂
石油工业	制造各种类型的分子筛,作石油冶炼的催化剂
洗涤剂	用4A沸石代替三聚磷酸钠作洗衣粉助剂
黏合剂	制作砂轮,用于油灰、嵌缝料、密封料方面
油漆涂料	用做填充剂,具有良好的遮盖能力

续表 13-2

应用范围	主要用途
化妆品工业	与香精配制成各类化妆用品,白而光滑
塑料工业	与有机物组成黏性复合体,耐磨、耐酸碱、抗老化
人造革工业	填充补强剂
玻璃纤维工业	作为增强材料与树脂复合成玻璃钢
水泥工业	一般用于制造白水泥、混凝土添加剂
纺织工业	作纺织品的涂料、吸水剂、漂白剂
汽车工业	汽车装燃料的陶瓷容器,用于控制燃料,制造轿车陶瓷部件
农业	用做化肥、农药(杀虫剂)的载体
建材	高岭土尾砂制造蒸压灰砂砖、墙地砖、沥青油毡等
冶金	制取冰晶石、氧化铝和氢氧化铝,提取锗、钛等
其他	颜料、文具、墨水、油墨、胶料、食品添加剂、动物饲料、吸附剂、过滤剂、铸造等

随着科学技术的不断发展,高岭土的应用范围也在不断扩大和创新,在国民经济中发挥着越来越重要的作用,并向高、精、尖领域渗透。

13.1.4　高岭土中铁的赋存状态分析

高岭土中的染色杂质,主要是铁、钛矿物和有机质。铁和钛多以赤铁矿、针铁矿、硫铁矿、菱铁矿、褐铁矿、锐钛矿及钛铁矿等矿物形态存在。

除铁方法随铁在高岭土中赋存状态的不同而不同,要选择合理的除铁方法,必须先查明高岭土中铁的赋存状态。

当影响高岭土白度的是铁的三价氧化物时,即铁离子以 Fe_2O_3 形式存在时,采用 $Na_2S_2O_4$ 与其反应将 Fe^{3+} 还原成二价铁盐,经过漂洗、过滤除去;当影响高岭土白度的是 Fe^{2+},即铁离子以 FeS_2 形式存在时,还原漂白不能达到理想的效果,应采用氧化剂与其反应将其氧化成可溶性硫酸亚铁和硫酸铁,使其变成易被洗去的无色氧化物;当影响高岭土白度的是 Fe^{3+} 和 Fe^{2+} 时,应采用氧化－还原联合漂白,先用氧化剂氧化 Fe^{2+} 成为 Fe^{3+},再用还原剂将其还原为 Fe^{2+},经过漂洗,过滤除去。根据铁不同的赋存状态选择不同的漂白方法,可提高漂白剂的使用效率,提高高岭土的白度。

根据某高岭土铁、钛物相分析,风化型高岭土中铁的赋存状态有两种,即结构铁和游离铁。结构铁存在于高岭石晶格中,以 Fe^{3+} 置换八面体中的 Al^{3+},分为处于斜方晶场对称的结构铁 I 和处于更高晶场对称的结构铁 E。结构铁含量(Fe_2O_3)0.081% ~ 0.122%,其中,I 铁含量 0.031% ~ 0.055%,E 铁含量 0.050% ~ 0.067%。I 铁和 E 铁含量均与高岭石结晶度指数呈密切负相关,而 E 铁和 I 铁含量比值与高岭石结晶度指数呈正相关。游离铁以杂质形式存在,含量(Fe_2O_3)0.467% ~ 0.648%,主要为赤铁矿、褐铁矿和针铁矿,所以采用化学漂白最经济、有效,也被广泛采用。

13.1.5 高岭土除铁增白技术研究现状及进展

13.1.5.1 高梯度磁选技术

几乎所有的高岭土原矿都含有少量(一般为 0.5% ~ 3%)的铁矿物,主要有铁的氧化物、钛铁矿、菱铁矿、黄铁矿、云母、电气石等。这些着色杂质通常具有弱磁性,可用磁选方法除去。磁选是利用矿物的磁性差别而在磁场中分离矿物颗粒的一种方法,对除去磁铁矿和钛铁矿等强磁性矿物或加工过程中混入的铁屑等较为有效。对于弱磁性矿物,一种方法是先焙烧,待其转变成强磁性氧化铁后再进行磁选分离;另一种方法就是采用高梯度强磁场磁选法。

高梯度强磁场磁选法有两大特点,一是具有能产生高磁场强度(1 T以上)的聚磁介质(一般为钢毛),二是有先进的螺丝管磁体结构。在较高的磁场强度下,不锈钢导磁介质表面产生很高的磁场梯度,能分离微米级顺磁性物料,高梯度磁分离技术对脱除有用矿物中的弱磁性微细颗粒甚至胶体颗粒十分有效。

13.1.5.2　超导磁选

随着高岭土矿体的不断开采,高岭土原矿的质量逐渐降低,赋存于高岭土中的铁钛矿物的粒度也越来越小,高梯度磁选机也无法将几个微米下的弱顺磁性矿物分离出来。据报道,目前国外已有 10 多个国家正从事用超导磁选机对高岭土进行除铁、钛的研究。

高岭土比较适合用高梯度超导磁选机,这种磁选机可处理几个微米或亚微米级别极弱的顺磁性矿物。超导磁选机能长期运转,与常规磁选机相比,降低电耗 80% ~ 90%,仅此一项每年可节约 15 万美元,其占地面积为原来的 34%,重量为原有的 47%;另外,其还具有快速激磁和退磁能力,可使设备减少分选、退磁和冲洗杂物所需的时间,从而大大提高了矿物的处理量,此设备处理能力为 6 t/h。

13.1.5.3　化学漂白除铁

对于一些牢固覆盖在高岭土颗粒表面的氧化铁,采用磁选、浮选方法是很难将其去掉的,这就必须采用化学漂白法进行处理。化学漂白法就是采用化学方法溶出铁、钛等着色杂质再漂洗出去。常用的具体方法有还原法、酸溶法等。

1)还原法

此法的实质就是使高岭土中难溶性的 Fe^{3+} 还原成可溶性的 Fe^{2+},而后洗涤除去,从而提高高岭土的白度。这是高岭土工业中传统的除铁方法。在漂白前矿浆流入搅拌机搅拌,并加入絮凝剂絮凝后,再进行漂白。常用的还原剂有连二亚硫酸钠(又称保险粉)、硫代硫酸钠、亚硫酸锌等,还原的主要反应式如下:

$$Fe_2O_3 + Na_2S_2O_4 + 3H_2SO_4 = Na_2SO_4 + 2FeSO_4 + 3H_2O + 2SO_2$$

影响漂白效果的因素有很多,如矿石的特征、温度、pH 值、药剂用量、矿浆浓度、漂白时间、搅拌强度等。若矿石中杂质呈星点状、浸染状,含量低,那么可以得到较好的漂白效果,白度显著提高。若矿石中有机质、杂质含量高,那么漂白效果差,白度提高的幅度不大。漂白过程一般宜在常温下进行,温度太高,虽然能加快漂白速度,但热耗量大,药剂分解速度过快,造成浪费并污染环境;温度过低,则反应缓慢,生产能力下降。矿浆的 pH 值调整到 2 ~ 4 时,漂白效果最佳。药剂用量方面,一般随着用量的增大,漂白速度加快,白度也随之提高,但达到一定程度时,白度不再增长。矿浆浓度以 12% ~15% 为宜。漂白时间既不能过长,也不能太短,时间过长既浪费药剂,又降低了高岭土的质量,因为空气中的氧会导致 Fe^{2+} 氧化成 Fe^{3+};时间过短,白度达不到要求。反应完毕后,应立即进行过滤洗涤,否则表面会逐渐发黄。

2)酸溶法

酸溶法就是用酸溶液(盐酸、硫酸、草酸等)处理高岭土,使其中的不溶化合物转变为可溶化合物,而与高岭土分离。用盐酸处理高岭土需在 90 ~100 ℃下持续 3 h,一份高岭土需配一份 5% 的盐酸溶液,处理过后用水冲洗,直至水中无铁的痕迹。一般为了使杂质充分溶解,可同时加入氧化剂(过氧化氢等)或还原剂(氯化亚锡、盐酸羟胺等)。酸溶漂白的效果与铁矿物的赋存状态、酸的用量、反应温度等有关,呈浸染状赋存于高岭土表面的赤铁矿易溶于盐酸而被除去,含钛矿物的高岭土很难用此法除去杂物而提高白度。

用硫酸处理高岭土,需在压力为 200 Pa 的压力锅中持续 2 ~3 h,采用8% ~10% H_2SO_4 溶液且须过量,处理后洗去 Fe 和剩余的酸,用这种方法可除去高岭土中约90%的 Fe_2O_3。采用比例为 1:2 的浓硫酸和硫酸铵的混合液在 100 ℃下处理高岭土持续 2 h,过滤悬浮液并用硫酸清洗,钛、铁杂质都可清除。

用 0.1% ~0.5% 的草酸或草酸钠的热溶液,可使赋存于磨细的高岭土颗粒表面的铁钛化合物溶解而除去。

据资料,国外的高岭土的漂白研究又有了新的进展,如向高岭土粉末中加入氯化铵,在加热到 200 ~300 ℃时与高岭土中的铁反应,冷却后,用稀 HCl 浸出生成物,即可漂白。但目前仍处于试验阶段,漂白需在高温密闭条件下进行。

13.1.5.4　氯化法

影响煅烧高岭土白度的主要因素是矿石中含有的铁和有机质,其中的铁主要以 Fe_2O_3 的形式存在。刘文中等采用氯化焙烧工艺除去其中的铁。有机质在高温下被氧化为 H_2O 和 CO_2 排出。Fe_2O_3 在一定温度和还原条件下与加入的氯盐反应,生成 $FeCl_2$。气态铁的氯化物由料层表面逸出,在一定的 CO_2 气体流量下被带走排出。煤系高岭土在煅烧过程中碳参与还原反应,促进三价铁的还原,从而有利于氯化法除铁。保持一定的 CO_2 流量有利于氯化反应的气氛并及时带走生成的铁的气态氯化物。采用氯化焙烧工艺可以将煤系高岭土中的铁氧化物含量降到 0.3% 以下,脱除率达 70% 以上,煅烧高岭土的白度提高到90 以上,而且扩大试验与小型试验的结果一致,显示出此方法在煤系高岭土的开发利用和深加工中的广阔应用前景。

13.1.5.5　生物除铁

不同种类的微生物(细菌、真菌等)具有从氧化铁(褐铁矿、针铁矿等)中溶解铁的能力,利用微生物这种溶铁能力,可将高岭土中所含的铁杂质除去。目前已研制出一种两步处理的方法:首先制备培养液(即浸出剂),浸出剂是将菌株在 30 ℃ 下置于营养媒介中培养而成的。1 L 营养媒介中含有 3 g NH_4NO_3、1 g KH_2PO_4、0.5 g $MgSO_4 \cdot 7H_2O$ 和每升天然水中不等量的糖蜜。媒介最初的 pH 值约为 7,这类微生物在表面或水中生成,培养所需的时间取决于培养方法和介质中糖浆的初始浓度,一般为 5~14 d,当糖浆的初始浓度高于 150 g/L 时,最终的pH 值总是小于 2,浸出剂中有机酸的浓度约大于 40 g/L。草酸与柠檬酸的含量之和占整个有机酸含量的 95% 以上,在人工合成的含同量有机酸的浸出剂中加盐酸酸化至 pH=0.5,也可取得同样的浸取效果。浸出剂制备好后,在 90 ℃ 下用浸出剂浸出高岭土,在适当的时间内可以浸出高岭土中的部分铁。

13.1.6　高岭土增白技术中存在的问题

高岭土的增白方法通常利用还原漂白剂(连二亚硫酸钠)将 Fe^{3+}还原成可溶性的 Fe^{2+},再通过洗涤作业将其除去,其不足之处主要有四个方面:

第一,漂白以后,多数铁仍然遗留在高岭土中,不能满足特殊用途对铁含量的要求;

第二,由于多数铁还赋存在高岭土中,往往会产生返黄问题;

第三,漂白处理的废水中含有一定数量的铁,不能重复利用,排放

后对环境造成比较大的污染,同时污染也影响了企业和社会的发展;

第四,影响漂白效果的因素很多,如药剂的选择、药剂用量、矿浆浓度、矿浆的 pH 值、温度、添加次数、时间等,不容易控制,成本较高。

所以,用化学法和物理化学相结合的方法降低高岭土中染色物质 Fe_2O_3 的含量,在提高高岭土的白度的同时,使创造转化环境的化学溶液可以重复利用,达到不排放废水的目的,对环境不产生污染,减轻企业和社会的负担。

13.2 高岭土系列产品

20 世纪 70 年代以前,软质黏土矿只作耐火材料用,其实软质黏土矿的矿物成分主要是高岭石,软质 Ⅰ 级其化学成分和性能均与高岭土相同,可作高岭土使用。高岭土经除铁、增白、磨细,可生产造纸、颜料、填料等各类高岭土产品。

高岭土产品应用广泛,造纸工业是国外高岭土利用的主要领域,用量达 1 000 万 t 以上。在造纸业,高岭土主要用做填料和涂料,它可以提高纸张的密度、白度和纸面的平滑度,降低透明度,保证更好地吸收印色。在陶瓷业中,高岭土主要用于各种陶瓷的配料;在油漆涂料业,以高岭土和煅烧高岭土作填料,用于醇酸涂料的内涂层以及水基涂料的增充剂;在塑料业,高岭土主要用于电缆聚氯乙烯外层填料,不仅可以降低成本,还能增加塑料外层电阻;在橡胶业,高岭土作填料,是一种补强剂,能够提高橡胶的机械强度和耐酸性能,降低制品的成本。

20 世纪 80 年代,地矿部郑州矿产综合利用研究所对上刘庄软质黏土矿的综合利用进行过研究。经选矿中间试验研究,获三种产品:①涂料级高岭土,用于造纸刮刀涂料,二级品,产率 37.44%;②填料级高岭土,用于橡胶、塑料、油漆填料,产率 29.17%;③耐火黏土,产率 33.2%。

其后又对王窑高岭土进行过研究,其中造纸用涂布级高岭土研究,白度、细度均已解决,只是流变性稍差。

目前,高岭土用于造纸涂料,解决流变性是关键。对造纸用涂布级高岭土流变性进行试验研究,可以考虑从以下几个方面入手:①提高煅烧高岭土的细度,在同等条件下,颗粒越细越易于流动,流变性越大,其白度亦相应提高,既满足了白度要求,又增加了流变性。②用配矿方式开发专用造纸涂布级高岭土,在原有高岭土的基础上,适量增加可提高流变性的其他矿物,如膨润土。同时选用天然白度较高的高岭土加入,提高其白度,这样既提高了白度,又提高了流变性。③从南方购进高白度的天然高岭土,以调整专用高岭土的白度和流变性。④用树脂调节流变性。所谓流变性,是指涂布时料浆的流动性能,它是由树脂和高岭土共同决定的,而树脂的流变性更具主导地位,树脂的流变性易于调节。在流变性未解决之前,高岭土的发展方向应是超细粉碎,其工艺流程简单,矿石经烘干、粉碎、改性、粉碎即得成品。粉碎后的高岭土,可广泛用于橡胶、油漆、涂料、造纸、塑料等行业,市场前景好,价格较高,有一定的经济效益。

高岭土还可生产聚合铝,它是一种无机高分子化合物,是优良的高效净水剂,成本低,生产工艺简单,经磨矿→焙烧→酸浸→净化→中和→聚合→干燥,即可制成固体聚合铝。与常规净化剂硫酸铝相比,它具有用量少、矾花大、絮凝快等优点,可有效净化污水,对水中微生物、细菌、藻类的去除率达 90%,放射性物质去除率达 80%,能使造纸工业废水色度降低 80%,其净化效率是硫酸铝的 4 倍以上,可降低净水费用 4%,对环境污染治理有重要的社会效益和经济效益。

13.3　低品位铝土矿选矿的必要性和可行性

13.3.1　铝土矿质量要求

铝土矿作为氧化铝生产、耐火材料、刚玉型研磨材料和高铝水泥等的原料,广泛应用于冶金、建材等行业。作为冶金原料,国家对铝土矿制定有 GB 3497—83 标准。作为耐火材料原料,冶金工业部制定有部颁标准 YB2211—82、YB2212—82、YB2213—78 和 YB327—63 等。

13.3.2 铝土矿资源现状

当前铝工业持续发展面临的富矿资源不足问题已引起高度重视，要尽快采取相关措施，加强对贫矿选矿技术的攻关和成果应用，走人造富矿之路；强化对铝土矿资源的管理与保护，统一执法，统一规划，协调管理，在沁阳西万设立铝土矿一级市场，进行配矿销售；开展铝土矿经济技术政策研究，合理确定豫北地区铝土矿开采的最低品位和最小规模，制定铝土矿品级税费征收标准，引导企业提高回采率，实现贫富兼采，综合利用；加快氧化铝企业的技术改造步伐，提高总体装备水平和资源有效利用程度，降低入选矿石的铝硅比；针对目前豫北地区地质勘查工作的现状，采取适当扶持和政策引导，加快对铝土矿资源的地质勘查步伐。

根据《河南省国民经济和社会发展第十一五计划纲要》要求，"十一五"期间，要重点抓好中州铝厂30万t"选矿—拜尔法"氧化铝，万方铝业280 kA槽铝电解示范项目完善工程，年产30万t稀土铝合金配套电力机组项目及沁阳铝电电解项目的实施，力争形成110万t氧化铝、50万t电解铝产业规模，力争开工建设焦作万方30万t热轧铝板、带材项目，使之成为全国重要的铝工业基地。

要实现这一目标，就必须要有充足的铝土矿资源保障。豫北地区铝土矿的现状是以低品位矿石为主，必须经过选矿富集，方可达到利用的目的。

对铝土矿做过专门普查的仅沁阳市煤窑庄铝土矿区一处，保有资源储量210.86万t，其中，基础储量89.61万t。由于该区铝土矿铝硅比不高，中州铝厂用矿主要由洛阳等地供应，区内所产铝土矿主要供中州铝厂在生产中作配料使用。随着中州铝厂"选矿—拜尔法"新工艺的采用，一些铝硅比小于6的贫矿石将可以得到利用。根据沁阳市国土资源局委托河南省地矿厅第二地质队对沁阳市境内的常平、窑头、煤窑庄等地黏土矿中存在的铝土矿按铝硅比大于4进行核算，共获资源储量687.8万t。因此，"十一五"期间应加强沁阳市前后和湾及簸箕掌等矿区铝土矿的勘查，为中州铝厂提供经济的资源保障。

13.3.3　铝土矿选矿的意义

作为冶炼金属铝原料的氧化铝,其生产方法大致有碱法、酸法、电热法等。碱法是目前国内外氧化铝生产的主要方法,又分为拜尔法、烧结法、联合法三种。这三种方法对 A/S 的要求分别为 7 ~ 8、2.6 ~ 5、5 ~ 7。在氧化铝生产工艺中,拜尔法最为简单,氧化铝的回收率较高,且成本比烧结法低 20% ~ 25%,拜尔法也是铝工业生产的主要方法。而焦作市铝土矿资源中 A/S 偏低,属中 - 低品位矿石,因此在生产氧化铝之前,采取选矿的方法除去铝土矿中大部分 SiO_2、Fe_2O_3、S 和其他杂质是十分必要的。

13.3.4　选矿的可行性

河南铝土矿选矿试验的研究早在 15 年前就已开始,并做了比较系统的试验研究。先后有中铝中州分公司、河南省岩石矿物测试中心、北京矿冶研究总院、武汉钢铁学院等科研单位及大专院校,为河南铝土矿选矿脱硅、除铁、除钛等做了大量工作。其中,中铝中州分公司依靠自主创新所做的工作最为系统完整,针对焦作市铝土矿的特点,在详细研究物质组成的基础上,对不同类型的铝土矿进行了详细的工艺条件试验及选择性扩大试验。试验结果,铝土矿经过选矿处理后,所得精矿的质量有很大提高,使拜尔法可处理矿石铝硅比由传统的 10 以上降低到 6 以下,为低品位铝土矿资源的经济利用、充分利用开辟了全新途径。目前,该公司的"选矿—拜尔法"氧化铝生产系统,已连续稳定运行多年。通过应用"选矿—拜尔法"工艺,该区现有铝土矿资源的服务年限可提高 5 倍以上。处理同样品位的铝土矿与传统烧结法相比,"选矿—拜尔法"生产的氧化铝成本每吨降低 150 元以上,能耗降低 300 kg 标煤以上,并且选矿所得副产品(尾矿)杂质含量低,可作为软质及半软质黏土或高铝矾土熟料使用,这样既可使焦作市铝土矿中的低品位矿石得到利用,又可做到无尾矿工程,充分发挥了矿产资源的经济效益和社会效益,使占焦作市 70% 的中低品位铝土矿经过处理直接用于氧化铝生产,使铝土矿资源的可利用量扩大了一倍,提高了铝工业的资源保障程度,为中国铝工业的可持续发展提供了全新的技术支撑,引起世界铝工业界的关注和重视。

13.4 综合利用黏土矿中的伴生元素——锂

豫北地区黏土矿和铝土岩中普遍含锂,Li_2O 含量一般为 0.024% ~ 0.47%,最高 1.815%,平均 0.139%,按边界品位 0.05%、块段平均品位 0.08% 计算储量,仅西张庄、大洼、寺岭、上刘庄四个矿区共获 Li_2O 储量 10.4 万 t,潜在储量非常巨大(见表 13-3)。

表 13-3　四个矿区各类岩(矿)石 Li_2O 含量情况

类型	Li_2O 平均含量(%)			
	西张庄矿区	大洼矿区	寺岭矿区	上刘庄矿区
高铝黏土矿	0.274	—	0.477	0.297
硬质黏土矿	0.176	0.159	0.276	0.193
软质黏土矿	0.072	0.116	0.169	0.709
铁矾土	0.217	—	0.356	—
黏土岩			0.062	
铁质黏土岩		0.069	0.101	
粉砂质黏土岩			0.083	
砂质黏土岩		0.065		
炭质黏土岩		0.080	0.075	
含绿泥石黏土岩		0.036		
石英砂岩		<0.01		

注:据 2000 年省地矿厅第二地质队资料。

锂主要以锂绿泥石形式存在,其次分散在高岭石、伊利石、叶蜡石等矿物中,特别是以高岭石最多。锂绿泥石颗粒细小,结晶程度一般较差,常与高岭石、伊利石、叶蜡石相伴生。由于它的化学性质较稳定,湿法分选很困难,这给锂的利用带来了很大困难。那么能否考虑综合利用呢? 经多年试验研究,综合利用锂已获成功,目前已完成实验室研究。

13.4.1　锂冰晶石

以焦作地区的含锂黏土为原料,采用锂铝并用的办法,河南省地矿局第二地质队研制成功了生产含锂冰晶石的技术。因为锂与冰晶石已结成一个体系,故其节电效果比冰晶石中加氟化锂更好,而成本与生产普通冰晶石相等,郑州轻金属研究院已将其作为铝工业生产的先进技术写入推广计划中。

13.4.2　锂铝合金

含锂黏土可用来生产锂铝合金,锂铝合金是最轻的合金,是理想的飞行器材料,用盐酸从黏土中溶出氯化锂铝,电解锂铝的氯化物即可直接生成锂铝合金。当矿石含 Li_2O 0.7% 时,每 500 t 矿石可生产锂铝合金 90 t,含锂冰晶石 77 t。若建成 50 万 t 规模的锂铝合金厂,建设投资与 50 万 t 铝厂相近,而产值可达 300 亿元,其经济效益是非常可观的。

13.4.3　锂电池

从生产锂冰晶石和锂铝合金的中间产物中,容易分离出氯化锂,而氯化锂是生产锂电池的原料,锂电池价格昂贵,且销路很好,很有发展前途。

豫北地区黏土矿伴生锂资源的综合利用研究,由河南省地矿局第二地质队承担,目前已完成了中试,并获得了专利证书,证书号为 97101742.5,合成产品为铝钠复合型锂盐。其基础原理是:先用盐酸浸泡烧好的含锂黏土,经净化过滤,获得三氯化铝溶液。调整溶液中的锂铝比值后,再与食盐、氢氟酸反应,制得复合型锂盐。其化学反应方程式如下:

$$Li^+ + Al^{3+} + 4Cl^- \rightarrow LiCl + AlCl_3$$

$$mLiCl + nAlCl_3 + gNaCl + (m+3n+g)HF \rightarrow Na_g[Li_mAl_nF_{(m+3n+g)}] + (m+3n+g)HCl$$

其主要技术路线如下:

原料→粉磨→焙烧→溶出→除渣→合成→过滤→烘干→产品。

　　该项目的创新点在于这一产品方向,合成了一种新型的铝电解质材料,从而使豫北地区储量巨大的含锂黏土资源得以综合利用,并以低价位的产品,取代价格昂贵的锂盐,解决了国际上100多年来没有解决的锂盐价格问题。

　　该项目的工业试验,由于设备、资金、场地等问题,一直未能进行。"十二五"期间,政府和有关主管部门及相关单位应通力合作,使该试验得以完成,早日进入生产,变技术优势为经济优势。

13.5　高铝黏土用做铝土矿

　　根据2001年沁阳市国土资源局委托省地矿局第二地质队对沁阳市域的常平、窑头、前后和湾等高铝黏土矿区的铝土矿资源按铝硅比大于4进行的重新圈定计算,共获得资源储量687.8万t。铝土矿的选矿技术已经成熟,使用常规浮选工艺即可获得Al/Si大于10的精矿,最近长城铝业公司、中州铝厂拟建选矿厂,利用这一契机,可以充分开发利用此类高铝黏土矿。其方案如图13-2所示。

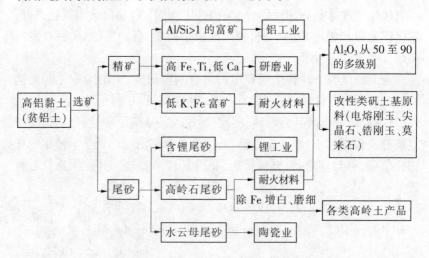

图13-2　高铝黏土矿开发利用方案示意图

13.6 高等级耐火材料生产

按照《中国矿床》一书的分类,沉积型分为:沉积于不整合间断面上的浅海相耐火黏土矿床,沉积于浅海、泻湖、湖盆并与顶、底板岩层整合的耐火黏土矿床,沉积于峡谷、山间盆地、断陷盆地的耐火黏土矿床。

沉积于不整合间断面上的浅海相耐火黏土矿床大多位于石炭系或二叠系之中,其下伏岩层在华北一带为奥陶系,在华南一带则为寒武系、奥陶系、志留系或泥盆系。矿床规模一般较大。含矿层的上部常生成软质黏土或半软质黏土,下部常生成硬质黏土、高铝黏土和铝土矿。耐火黏土中 SiO_2 含量一般在 30% ~40% , Fe_2O_3 含量在 0.5% ~3.5% 或更多, Al_2O_3 含量一般大于30%,高的可达50% ~80%以上。

矿物成分以一水硬铝石和高岭石为主。含矿层呈层状、似层状或透镜状,分布面积常为几平方千米、几十平方千米或更大。矿层沿走向延长常达 1 000 ~3 500 m,沿倾斜延深一般超过300 ~500 m,厚度为几米到十几米。矿石类型和品级一般较复杂,厚度和质量变化较大。含矿层底部常伴有扁豆状赤铁矿(针铁矿、褐铁矿)、黄铁矿、菱铁矿等;上部常夹有杂色黏土、黏土页岩、黏土质砂岩等岩层。

沉积于浅海、泻湖、湖盆并与顶、底板岩层整合的耐火黏土矿床主要产于石炭系、二叠系、侏罗系、第三系和第四系。由于沉积环境和物质成分的不同,有的形成软质黏土,有的形成硬质黏土,黏土中 SiO_2 含量一般在 43% ~ 66% , Fe_2O_3 含量一般在 0.5% ~2.5% ,也有超过 2.5% 的, Al_2O_3 含量多在30%以上,少数可在50%以上。

矿物成分以高岭石类矿物为主,其次是水铝石类矿物,此外有少量石英。矿层呈层状、似层状,分布面积常为几平方千米至十几平方千米或更大,沿走向延续常为几百米至几千米,厚度有 1 m 左右的,也有几米至十几米的。矿石类型和品级较简单,厚度和质量变化一般较小。黏土层的顶、底板常为砂岩或砂页岩。矿层也常与砂页岩等呈互层出现。

沉积于峡谷、山间盆地、断陷盆地的耐火黏土矿床多生成于侏罗纪、第三纪和第四纪。有的赋存于断陷盆地的侏罗系砂岩、页岩、砂质页岩、泥岩含煤地层之中,与煤层成互层状;有的赋存于地堑盆地砂、砾石、黏土岩、粉砂岩层中;有的赋存于山间盆地的第四系黏土层中。这类矿床大都为软质黏土矿,矿体呈层状、似层状、扁豆状,产状平缓。较大的矿床一般长 1 000 ~ 2 500 m,宽 100 ~ 1 500 m,厚 1 ~ 10 m。

黏土的矿物成分主要为高岭石,占矿物总量的 80% ~ 90%,其次是水云母、白云母和石英,还有少数以三水铝石为主要成分。黏土中 SiO_2 含量为 43% ~ 55%,Fe_2O_3 为 1% ~ 3.5%,Al_2O_3 为 20% ~ 25%,TiO_2 为 0.8% ~ 1.2%。黏土的可塑性指数一般在 19 ~ 24。

耐火黏土是指耐火度大于 1 580 ℃、可作耐火材料的黏土和用做耐火材料的铝土矿。它们除具有较高的耐火度外,在高温条件下能保持体积的稳定性,并具有抗渣性、对急冷急热的抵抗性,以及一定的机械强度,因此经煅烧后异常坚定。

耐火黏土按可塑性、矿石特征和工业用途分为软质黏土、半软质黏土、硬质黏土和高铝黏土四种。软质黏土一般呈土状,在水中易分散,与液体拌和后能形成可塑性泥团;半软质黏土的浸散性较差,其浸散部分与液体拌和后亦可形成可塑性泥团。这两种黏土在制作耐火制品时常用做结合剂。硬质黏土常呈块状或板片状,一般在水中不浸散,耐火度较高,为耐火制品的主要原料。高铝黏土 Al_2O_3 的含量较高,硬度和比重较大,耐火度高,常用以制造高级黏土制品。

耐火黏土主要用于冶金工业,作为生产定型耐火材料(各种规格的砖材)和不定型耐火材料的原料,用量约占全部耐火材料的 70%。耐火黏土中的硬质黏土用于制作高炉耐火材料,炼铁炉、热风炉、盛钢桶的衬砖、塞头砖。高铝黏土用于制作电炉、高炉用的铝砖、高铝衬砖及高铝耐火泥。硬质黏土和高铝黏土常在高温(1 400 ~ 1 800 ℃)煅烧成熟料时使用。

耐火黏土在建材工业上用以制作水泥窑和玻璃熔窑用的高铝砖、磷酸盐高铝耐火砖、高铝质熔铸砖。高铝黏土经过煅烧,然后与石灰石混合制成含铝水泥,这种水泥具有速凝能力及防蚀性和耐热力强的特点。

　　耐火黏土在研磨工业、化学工业和陶瓷工业等方面也有重要的用途。高铝黏土经过在电弧炉中熔融,制造研磨材料,其中电熔刚玉磨料是目前应用最广泛的一种磨料,占全部磨料产品的 2/3。在陶瓷工业中,硬质黏土和半硬质黏土可以作为制造日用陶瓷、建筑瓷和工业瓷的原材料。

　　豫北地区耐火黏土的一个不足之处是:中低档矿多,优质矿少。据统计,在高铝黏土储量中特级品只占 7.1%,Ⅰ级品占 22%;硬质黏土中特级品只占 3%,Ⅰ级品占 35%;软质黏土和半软质黏土中Ⅰ级品占 17%。因此,无论是高铝黏土,还是硬质黏土和软质(半软质)黏土,Ⅱ级品和Ⅲ级品占绝大多数。

　　豫北地区耐火黏土矿床的一个特点是:单一矿床少,共生、伴生矿床多。据统计,单一矿床仅占总储量的 30%,以共生形式产于其他主矿产(如煤矿、铝土矿、铁矿等)中的占 40%,以主矿产形式产出又有其他矿产共伴生的占 30%。因此,黏土矿的综合开发利用对发展河南省耐火材料工业具有重要意义。

　　因含硅高达不到铝土矿要求的高铝黏土和达到高铝矾土标准要求的硬质黏土矿,主要生产耐火材料。目前,普通耐火材料供大于求,而高等级耐火材料如钢铁工业中用于炉外精炼、板坯连铸等的高质量耐火材料,尚需进口,高等级耐火材料以矾土基合成原料为主,共有三种类型:其一,均质类,以天然原料为基础,通过均化工艺达到结构性能和质量稳定均匀,可开发 Al_2O_3 含量 50% ~90% 的多级别均质矾土熟料系列产品,Al_2O_3 含量 50% ~90% 的均质矾土熟料售价 200 美元/t。其二,改性类,通过选矿或电熔减少杂质或加入适量有益氧化物,改善高温性能,如矾土基电熔刚玉、矾土基尖晶石、锆刚玉莫来石等。这类产品在国外还没有,该项成果属国际首创,这些成果有的已初步形成生产能力,但规模不大,质量不稳定(如矾土基电熔刚玉、矾土基尖晶石);有的尚未转化为生产力(如锆刚玉、莫来石)。目前高温技术需要的高档制品国内外多采用昂贵的人工合成材料,如板状刚玉和电熔刚玉(5 000~6 000 元/t),电熔锆莫来石和高纯尖晶石(8 000 元/t 以上)。改性合成原料可全部或部分代替上述高价的原料,而价格要低得多,如矾土基电熔刚玉 2 500~3 000 元/t,矾土基尖晶石 4 000~5 000 元/t,将大大降低高档制品的成本,从而相应降低高温工业耐火材料消耗费用。其三,转型类,用高铝矾土原料通过高温还原和氮化的工艺处理,使其转化为 Sialon、Alon 等非氧化物及其与氧化物的复合材料。在建成这三类原料生产的基础上,进一步生产各种耐火制品,把我国的资源优势转化为技术优势,大大提高耐火原料的质量稳定性和可靠性,尽快形成具有我国特色的优质合成原料品种系列,用以取代昂贵的人工合成原料,制造性能优良、价格适宜的高档耐火制品,用于高温工业的重要部位,在获得优良使用效果的同时,显著降低耐火材料消耗费,取得显著的经济效益,为高温工业的发展作出新的贡献。此外,还可巩固、提高我国耐火原料及制品在国际市场上的重要地位,不仅在数量上继续保持相当高的市场占有份额,而且在质量、品种上跃居世界领先位置,在国际上赢得信誉,大幅度增加出口创汇收入。

13.7 精密铸造型砂生产

硬质黏土矿经粉碎后,按粒度分级,按不同比例粒级配比,用做精密铸造型砂,高温不变型,可使喷涂面光滑,广泛用于航空航天工业部门。

第 14 章 豫北地区黏(铝)土矿资源开发规划布局

14.1 开发利用规划布局

为优化资源配置,促进矿业开发合理布局,实现资源开发与生态环境保护的协调统一,根据豫北地区资源的分布特点、市场需求及社会与经济发展的需要,凡矿产资源丰富、分布相对集中,矿产品市场前景好、经济效益高,易于形成规模化经营,开发过程中能有效控制对生态环境影响的矿区,划分为鼓励开采区;对市场供大于求,或开发技术条件不成熟,不能对开发中的矿产资源进行有效保护和充分利用,资源有限的优质矿产,开采过程中对生态环境有一定的影响,地质灾害易发区,划分为限制开采区;对于开采经济效益低下,对生态环境具有重大影响或造成严重破坏,地质灾害危险区,地质遗迹保护区,各类自然保护区,风景名胜区,军事禁区,城市规划区,以及铁路、国道、省道两侧 500 m 的可视范围内禁止露天采矿。

14.1.1 高铝黏土矿开发区

自沁阳虎村,经簸箕掌,过丹河,至博爱县寨豁。东西长 18 km,南北宽 5~7 km,面积约 100 km²,含矿岩系分布面积 30 km²。地理坐标:东经 112°52′40″~113°04′00″,北纬 35°12′20″~35°20′00″。以高铝黏土矿为主,其次为硬质黏土矿和软质黏土矿。分为窑头、常平、前后和湾、马道—老马岭、煤窑庄—张老湾、玄坛庙—汉高城、小底—仲水、白坡—红土坡—簸箕掌 8 个地段,其中窑头、常平、前后和湾已做详查或勘探工作,探明资源储量 1 719.700 万 t,其中高铝黏土矿 1 198.100 万 t,硬质黏土矿 486.800 万 t,软质黏土矿 34.800 万 t。其余 5 个地段潜在资源储量 13 989.990 万 t。

14.1.2 硬质黏土矿开发区

从沁阳丹河往东,过大石河,经龙洞至交口—西大掌一带,东西长 20 km,南北宽 7~8 km,面积约 150 km²。含矿岩系面积约 60 km²。地理坐标:东经 113°00′15″~113°15′00″,北纬 35°12′00″~35°20′00″。以硬质黏土矿为主,其次为高铝黏土矿和软质黏土矿。分为 10 个地段:焦谷堆—寨豁、茶棚、西矾厂、白泡河—乔沟、黄岭、月山、柏山、栗井—许河、龙洞、交口—西大掌。其中九府坟、干戈掌、新庄、西张庄、上白作、磨石坡、茶棚已做详查或勘探工作,探明资源储量 3 387.400 万 t,其中硬质黏土矿 3 185.500 万 t,高铝黏土矿 150.600 万 t,软质黏土矿 51.300 万 t。其余地段潜在资源储量 15 151.080 万 t。

14.1.3 软质黏土矿开发区

从修武大洼到上刘庄、九里山一线,东西长 28 km,南北宽 5~8 km,面积约 150 km²,含矿岩系面积约 30 km²,地理坐标:东经 113°15′00″~113°24′20″,北纬 35°17′40″~35°23′00″。以软质黏土矿为主,其次为硬质黏土矿和高铝黏土矿,分为 8 个地段:西岸村、洞湾—黑岩、西家后—西村—孟泉、王窑、崔庄、西涧—坡前、冯营、赵屯。其中大洼、王窑、上刘庄、赵窑、九里山已做普查、详查和勘探工作,探明资源储量 2 579.600 万 t,其中软质黏土矿 1 361.900 万 t,硬质黏土矿 1 208.900 万 t,高铝黏土矿 8.800 万 t。其余地段潜在资源储量 7 219.420 万 t。

14.1.4 耐火黏土矿开发区

主要以修武县西村乡洼村黏土矿区为主,东西长 10 km,南北宽 5~8 km,面积约 120 km²,含矿岩系面积约 50 km²,地理坐标:东经 113°13′00″~113°16′00″,北纬 35°16′00″~35°18′00″。1985 年,河南省地矿厅第二地质队在该区进行详查工作,黏土分上、中、下三层,中矿层为主矿层,矿厚 1.77~3.07 m,矿石以硬质黏土矿为主,软质黏土矿、高铝黏土矿次之。估算耐火黏土矿潜在资源储量 1 185.400 万 t,

其中探明资源储量 496. 200 万 t。铁矾土 84. 300 万 t,铁矿 37. 400 万 t,
硫铁矿 9. 700 万 t,煤 374. 500 万 t,Li_2O 矿 18 000 t。

14.2　开发规划区划分

14.2.1　分区原则

本着统筹规划、因地制宜、发挥优势、规模开采、集约利用的总原则,并坚持法律法规准入、与相关规划衔接、与环境保护相协调的原则,按照矿产资源赋存的客观规律,注重黏土资源区带的完整性进行划分。

鼓励开采区:黏土资源丰富,分布相对集中,市场前景好,经济效益高,易于形成规模化经营,开发过程中能有效控制对生态环境的影响。

限制开采区:综合利用条件不成熟,不能对开发中的黏土资源进行有效保护和充分利用的矿区。主要公路沿线、旅游道路、铁路、电力线路、水库、干渠两侧 500 m 以内、旅游风景区外 500 m 及可视范围内限制地下开采。

禁止开采区:各类自然保护区,风景名胜区、旅游区、文化遗址内部,主要公路、旅游道路、水库、干渠、电力线路等安全范围内,这些区段可视范围内禁止露天采矿。

14.2.2　规划分区

鼓励开采区:窑头耐火黏土矿区,常平耐火黏土矿区,前后和湾耐火黏土矿区,磨石坡耐火黏土矿区,西张庄耐火黏土矿区,茶棚耐火黏土矿区,大洼耐火黏土矿区。

限制开采区:洼村耐火黏土矿区,九里山耐火黏土矿区,新庄耐火黏土矿区,王窑高岭土矿区,虎村—张老湾高岭土矿区,赵窑耐火黏土矿区,寺岭耐火黏土矿区,干戈掌耐火黏土矿区,上刘庄耐火黏土矿区。

禁止开采区:九府坟陶瓷土矿区。

14.2.3 建立和完善矿产资源市场体系

积极培育矿业权市场,建立和健全矿业权招标拍卖挂牌出让制度。努力进行探矿权、采矿权的招标、拍卖试点工作,创造条件,逐步推行。

14.3 依法加强黏(铝)土矿市场体系建设

豫北地区黏(铝)土矿市场建设,处于初级阶段,离现代市场体系的要求差距较大,主要表现在:其一是缺少治理市场的法律法规;其二是矿产品市场及矿业权市场分割;其三是市场中介机构缺位;其四是价格信号调控市场力度弱。为此,一是建议省政府及有关主管部门,要将1999年颁发的省人民政府令(第48号)、2001年颁发的豫政办130号文件等规章及政策提升为(省级)法规。二是在省政府主管部门的指导下,矿产品市场与矿业权市场的建设既要联系,又要区别,并逐步制定相关政策。三是加快构建市场中介机构系统,包括协会系统、独立地矿勘查专家系统、投(融)资系统、信息系统(网站、媒体)等。

14.4 按法定程序逐步纠正铝土矿矿业权管理的偏差

企业采富弃贫、个体乱采滥挖、矿业秩序较乱等现象,掩盖了铝土矿矿业权管理的偏差,如"一矿多证"或"一证多矿",便是此种偏差的突出表现。虽然这种管理偏差有其深刻的复杂原因,但它使"大矿小开,小矿乱开"合法化,降低了开采回采率,浪费了铝土矿资源,这是有目共睹的。为此,建议有关立法部门在调研的基础上,修改矿业权管理的有关法律法规。按法定程序,逐步纠正铝土矿矿业权管理中"一矿多证,一证多矿"的偏差,按地矿经济规律,规范"证"与"矿"的范围,使"大矿能够大开",方可提高河南省铝土矿资源保障。

14.5　依法加强对铝土矿资源储量的动态监管

(1)加强矿山地质工作。由市、县矿管部门及省矿产资源储量评估机构核实年度铝土矿资源储量增减数字,确保河南省年度铝土矿资源储量数字的可靠性及权威性。

(2)实行铝土矿占用储量登记和矿山动用储量计划报批制度。

(3)对铝土矿矿山实施动态监管。如实行矿山生产许可证制度,加强对铝土矿矿山开采回采率的考核及矿山督察管理等。

14.6　重视再生铝资源的利用

要延长铝土矿资源的服务年限,必须重视再生铝资源的利用。近年来,再生铝产业能耗小,成本低,污染小,已受到世界一些发达国家的重视。我国再生铝业起步晚,产量小,与世界水平差距大。如 2002 年,我国再生铝产量仅为 20 万 t,占同期电解铝产量的 5% ,而同期世界再生铝产量为 800 万 t 左右,占电解铝产量的 25% 。为此,建议河南省制定有关优惠政策,鼓励企业利用废铝,进入再生铝生产行业,这将有利于提高河南省铝土矿资源的保障程度及铝工业的综合效益。

14.7　加大对黏(铝)土矿地质勘查的投入

近十年,对黏(铝)土矿的勘查投入过少,保有新增储量过少,与矿山开发及铝工业发展的需求矛盾十分突出。如河南省现保有储量 1.5 亿 t 左右,与目前氧化铝生产规模迅速扩大的需求很不适应。预计 1.5 亿 t 保有储量将很快消耗完毕。为此,铝矿地质勘查必须加大投入,方可基本满足氧化铝工业对铝土矿储量的需求。

14.8　提高黏(铝)土矿产资源的综合利用率

(1)加强黏土矿产资源的综合开发和合理利用,防止资源浪费。

在矿产资源勘查和开采中,对具有开发利用价值的共生、伴生矿必须统一规划,综合勘探、评价、开采和利用。地质勘查部门在地质勘探报告中应有资源综合利用章节;矿山设计部门在确定主采矿种开采方案的同时,应提出可行的共生、伴生矿回收利用方案。

建设项目中的综合利用工程应与主体工程同时设计、同时施工、同时投产。凡具备综合利用条件的项目,其项目建议书、可行性研究报告和初步设计均应有资源综合利用内容,无资源综合利用的,有关部门不予审批。

(2)依靠科技进步,提高黏土矿综合利用技术水平。

重大的综合利用科研与技术开发课题要纳入国家或地方的科技攻关计划,认真组织实施,如造纸用涂布级高岭土选矿试验;黏土矿中伴生锂的利用等。对有广泛应用前景的成熟技术应积极安排示范工程,逐步实现产业化,如 Al_2O_3 含量为 50% ~ 90% 的多级别均质矾土熟料系列产品。培育和发展技术市场,开展技术咨询和信息服务,促进科技成果的转让和推广应用。

(3)加快立法步伐,建立健全管理制度,推动资源综合利用工作。

各地区、各部门要根据国家有关法规,结合当地实际情况,积极制定一些地方性的法规,促进黏土资源综合利用的规范化、法制化。

企业开展资源综合利用应严格按照国家标准、行业标准或地方标准组织生产,对没有上述标准的产品,必须制定企业标准。

逐步建立资源综合利用基本资料统计制度。企业应定期向有关主管部门报送有关资源综合利用方面的统计资料。

加强资源综合利用项目申报审核工作,有关部门要加强项目审核管理,落实国家优惠政策,防止骗取税收优惠。

(4)实行优惠政策,鼓励和扶持企业积极开展黏土资源综合利用,提高其综合利用率。

制定有关综合利用的价格、投资、财政、信贷等优惠政策,企业从有关优惠政策中获得的减免税款,要专项用于黏土综合利用。

加大对资源综合利用项目的扶持,对综合利用项目优先立项。

(5)建立资源综合利用奖罚制度。

对做出显著成绩的单位和个人给予表彰与奖励,对违反有关规定浪费资源的给予处罚。

14.9　矿山生态环境保护与恢复治理

生态环境是人类生存和发展的基本条件,是经济、社会发展的基础。保护和建设好生态环境,实现可持续发展,是我国现代化建设中必须始终坚持的一项基本方针。

矿山开采活动,给矿山生态环境带来一定影响,主要表现如下:一是露采矿区,植被遭到破坏,水土流失加重,放炮烟尘污染空气;二是井下开采矿区,采空区不回填,天长日久造成地面沉降、塌陷,加剧次生地质灾害的发生。

坚持开发与保护并重的原则,生态环境保护和次生灾害控制以预防为主,防治结合;建立矿山生态环境监测网络体系,搞好生态矿业示范区建设。

14.9.1　新建矿山的生态环境保护

(1)确定对环境影响的准入条件。严格执行矿山建设的环境准入条件,严格控制对生态环境破坏不可恢复的矿产资源开采活动,禁止在城市规划区、交通要道沿线的直观范围内进行露天采矿。

(2)严格审查开发利用方案和环境影响报告书中对生态环境影响的评价内容,新建矿山必须进行地质灾害危险性评估工作。

(3)制定矿山生态环境恢复治理方案,开发与治理同步进行。

14.9.2 现有和闭坑矿山的生态环境保护

(1)加强对矿山生态环境保护的监督检查,对矿山生态环境保护情况要建立定期登记卡制度。

(2)提高综合利用水平,控制"三废"排放,逐步向"零"排放过渡。

(3)增加资金投入,加强生态环境保护和污染防治工作,加强因矿山开采活动而诱发的次生地质灾害的监测、预报和防治,避免或减少矿山次生地质灾害的发生。

(4)加强矿山生态环境恢复治理和土地复垦。坚持"谁开发谁保护、谁破坏谁恢复,谁使用谁付费、谁复垦谁受益"的原则,对矿山开发中造成的生态环境和土地的破坏实施恢复治理与土地复垦。

(5)建立矿山生态环境与土地复垦履约保证金制度。充分运用法律、经济、行政和技术等手段保护生态环境。

参 考 文 献

[1] 河南省地矿局第二地质调查队. 河南省铝土矿成矿规律及找矿方向研究报告[R]. 1985.

[2] 河南省地矿厅第二地质调查队. 河南省富铝土矿成矿地质条件及找矿方法研究报告[R]. 1990. 11.

[3] 吴国炎,姚公一,等. 河南铝土床[M]. 北京:冶金工业出版社,1996.

[4] 孙越英. 河南省洼村黏土矿床地质特征及成因探讨[J]. 资源调查与环境,2005(3):199-204.

[5] 孙越英,刘富有,等. 焦作市黏土矿资源评价及开发利用[J]. 矿产保护与利用,2004(4):5-6.

[6] 孙越英,刘富有,等. 焦作市矿产资源开发利用现状及发展方向[J]. 矿产保护与利用,2005(3):8-10.

[7] 王兴民,刘富有,等. 焦作市黏土矿的地质特征及综合利用[J]. 矿产保护与利用,2006(5):22-25.

[8] 陈延臻. 河南省铝土矿矿物组成及矿石工业类型[J]. 河南地质,1985(2).

[9] 温同想,等. 夹沟铝土矿地质特征及成因探讨[J]. 河南地质,1984(2).

[10] 王家德. 豫西铝土矿沉积环境研究[J]. 河南地质,1991(4).

[11] 胡安国,张天乐,等. 中国河南黏土－铝土矿床和江西高岭土,瓷石矿床及应用研究[M]. 北京:地质出版社,1993.

[12] 卢书炜,等. 河南省区域地质调查报告(1:5万洛宁幅)[R]. 2003.

[13] 孙越英,等. 焦作煤矿区主要环境地质问题与对策研究[J]. 地质找矿论丛,2005(3):10-15.

[14] 河南省地矿局第二地质队. 焦作市地质环境报告[R]. 2004. 6.

[15] 焦作市环境保护局. 焦作市生态环境保护规划[R]. 2002. 9.

[16] 河南省地球物理工程勘察院. 焦作市地质灾害防治规划[R]. 2003. 3.

[17] 焦作市南水北调工程建设协调小组办公室. 南水北调中线工程河南省供水区焦作市城市水资源规划报告[R]. 2001. 3.

[18] 河南省地矿局水文地质一队. 河南省焦作地下水资源评价报告[R]. 2002.

[19] 河南省地矿局水文地质一队. 焦作地区岩溶地下水资源及大水矿区岩溶水

的预测、利用与管理研究报告[R]. 1998.

[20] 河南省地矿局水文地质一队. 河南省焦作地区综合水文地质勘察报告 [R]. 1989.

[21] 河南省地矿局水文地质一队. 河南省焦作市地下水污染现状调查及环境水 文地质评价报告[R]. 1989.

[22] 河南省地矿局水文地质一队. 河南省焦作市二水厂水源地地下水资源评价 报告[R]. 1996.

[23] 崔克信,等. 中国震旦纪至二叠纪古气候[J]. 地质科学,1984(1).

[24] 孙越英,王子刚,徐宏伟,等. 焦作煤矿区主要环境地质问题与对策研究 [J]. 地质灾害与环境保护,2006(3):5-7.

[25] 河南省矿产局水文地质一队. 河南省焦作地下水资源评价报告[R]. 1984.

[26] 河南省地矿局水文地质一队. 中华人民共和国区域水文地质普查报告. (郑州幅 1:20 万)[R]. 1986.

[27] 非金属矿工业手册编委会. 非金属矿工业手册[M]. 北京:冶金工业出版 社,1992.

[28] 刘伯元. 中国非金属矿开发与应用[M]. 北京:冶金工业出版社,2003.